宁波市政府与中国社会科学院战略合作中心（国际港口与物流研究中心）2016年度立项课题成果

宁波海上丝路指数服务功能及其金融衍生品研究

王任祥　郭　珺　著

中国财经出版传媒集团

中国财政经济出版社

图书在版编目（CIP）数据

宁波海上丝路指数服务功能及其金融衍生品研究 /
王任祥，郭珺著 . -- 北京：中国财政经济出版社，
2021. 11

ISBN 978 - 7 - 5223 - 0812 - 8

Ⅰ.①宁…　Ⅱ.①王…②郭…　Ⅲ.①海洋经济－国
际合作－经济合作－指数－评估－研究　Ⅳ.①P74

中国版本图书馆 CIP 数据核字（2021）第 196313 号

责任编辑：彭　波　　　　　　责任印制：史大鹏
封面设计：卜建辰　　　　　　责任校对：张　凡

中国财政经济出版社 出版

URL：http：//www.cfeph.cn

E - mail：cfeph@ cfeph.cn

社址：北京市海淀区阜成路甲 28 号　邮政编码：100142

营销中心电话：010 - 88191522

天猫网店：中国财政经济出版社旗舰店

网址：https：//zgczjjcbs.tmall.com

北京财经印刷厂印刷　各地新华书店经销

成品尺寸：170mm×240mm　16 开　14.5 印张　231 000 字

2021 年 11 月第 1 版　2021 年 11 月北京第 1 次印刷

定价：68.00 元

ISBN 978 - 7 - 5223 - 0812 - 8

（图书出现印装问题，本社负责调换，电话：010 - 88190548）

本社质量投诉电话：010 - 88190744

打击盗版举报热线：010 - 88191661　QQ：2242791300

内容简介

　　上篇主要探讨基于 Vines Copula 理论下海丝指数金融衍生品应用中风险管理问题。主要包括 Vines Copula 理论在金融分析中的应用研究概述，VINES COPULA 模型结构与参数估计，VINES COPULA 模型的边缘分布等内容。最后基于宁波海上丝绸之路指数（通称海上丝路指数，或简称海丝指数）发布数据进行实证研究，探讨海丝指数金融衍生品应用中市场风险测度与管理问题。

　　下篇内容为宁波海上丝路指数服务功能及其应用探讨。首先梳理了相关研究现状、海上丝路指数发展现状和航运金融衍生品及其相关理论的基础。然后在探讨国内外航运指数发展及应用借鉴的基础上，提出宁波出口集装箱运价指数发展金融衍生品的路径。主要包括宁波出口集装箱运价指数简介、宁波出口集装箱运价指数衍生品市场参与者分析、宁波出口集装箱运价指数发展金融衍生品相关措施等。在理论探讨的基础上，探讨宁波 NCFI 衍生品交易所的创立及运行管理，包括衍生品交易所交易规则设计、衍生品交易所清算规则设计等内容。

前　　言

　　指数一直被认为是经济的晴雨表和市场的风向标，指数的知名度和认可度也是对应的交易所所在城市甚至所在国家地位的重要衡量标准。对于一座港口及港口城市来说，研究、编制和发布各种运价指数是其从航运大港向航运强港迈进的必经之路。

　　随着习近平主席在 2013 年提出的"一带一路"战略构想，以及 2014 年在党的十八大提出制定"发展海洋经济，保护海洋生态环境，坚决维护国家海洋权益，建设海洋强国"等战略目标，依托海洋运输产业，深化海上经济交往，大力发展海洋经济，提升海洋产业整体竞争力，已成为我国构建全方位对外开放新格局，实现中华民族伟大复兴的重要任务。包括航运指数在内的现代航运服务业是国务院 2014 年 9 月印发的《关于促进海运业健康发展的若干意见》中确定的海运业发展战略重点任务之一，也是我国海洋强国战略的重要支撑。

　　宁波是"一带一路"枢纽城市，宁波—舟山港是我国海上丝绸之路核心枢纽港，正由世界第一大港向世界一流强港迈进。由宁波航运交易所牵头编制和发布的"海上丝绸之路指数"（简称"海上丝路指数"，已在伦敦国际航运交易所成功发布），正是我国"一带一路"建设及宁波—舟山强港建设的重要载体，现实意义重大。

　　发达国家港口城市对航运指数的提出和研究相对较早，也较深入。每个航运市场中都有各自的运价指数，在各种运价指数中最具权威性的是 1985 年由波罗的海航交所发布的运价指数。反映的是国际干散货航运市场的走势和综合评价值。迄今为止，众多国外学者对波罗的海运价指数从不同角度建立了多种预测模型，主要集中在计量经济学和神经网络方面，其中有代表性的有：1992 年 Cullinane 首次将时间序列分析方法之一 B－J 用于 BFI 预测；随后，Veenstra 和 Franses 对不同干散货船型和航线的海运运价指数时间序列分别建立一阶向量自回归（VAR），2001 年英国学者 Manolis G. Kavussanos 和 Amir H. Alizadeh－M 建立单一变量的季节自回归积分移动平均模型（Seasonal ARIMA－SARIMA）和多变量的季节协整向量回归模型（Seasonal Cointegrating VAR）对指数进行研究，较为准确地对即期运费率进行预测。而在中国海商法专家张永坚看来，波罗的海交易所拥有自己独立、权威的干散货运价指数，在集装箱指数领域却仍是空白。

国内的上海航运交易所（Shanghai Shipping Exchange）从 1998 年 4 月 23 日首次编制发布中国集装箱运价指数（CCFI）2005 年进一步研究开发了上海出口集装箱运价指数（SCFI），这两种指数对促进我国航运集装箱市场培育和发展，提高航运集装箱市场的管理水平具有重要意义。但是 SCFI 指数在立足于货主，开发相关衍生工具方面仍存在很大的不足。一方面数据源采集局限缺乏实际意义，SCIF 编制所用的运价信息采集自班轮公司和货代，编制价格指数的基本条件之一就是要求市场结构是自由竞争的市场，而班轮市场是寡头垄断的；从货主的角度来讲，班轮公司给出的价格只是市场参考价格不具有实际意义，反而货代的报价才更有真实性。另一方面数据采集周期长，在现存的航运指数中，以周频次发布的指数为基础，成功开发出相应金融衍生工具且取得成功的，尚无先例。

目前，宁波海上丝路指数正处于起步阶段，宁波航运交易所基于地区经济贸易和港口优势基础，利用"互联网＋航运"的理念，结合大数据和航运电商平台，大胆创新打造了"海上丝路指数"（Maritime Silk Road Index，简称 MSRI）品牌，目前包括宁波出口集装箱运价指数（NCFI）、海上丝路贸易指数（STI）和宁波航运经济指数（NSEI）。区别于目前国内外航运指数中普遍采用的由经纪人、船东、货主等相关实体向指数编制机构报送样本数据的采样方式，NCFI采用互联网和大数据的思维和做法，直接采样电子商务交易平台和市场交易数据进行自动化数据处理和编制发布，有效保证了样本数据的原始性、真实性和实效性，是航运指数领域的重大突破创新。

目前，宁波航运交易所取得的初步成果与成绩有：

（1）海上丝路指数体系于2015年2月被列入国家"一带一路"建设重点工作之一，由国家推进"一带一路"建设工作领导小组办公室牵头，并以国家统计局和宁波市人民政府为推进责任主体。

（2）宁波航交所在NCFI指数建立过程中，凭借基于真实交易的大数据指数编制方法论和体系获得了波罗的海交易所的认可，双方经过三年多的业务交流，于2015年10月15日正式签订了联合研发海上丝路集装箱指数的协议。

（3）2015年10月23日16时，由宁波航交所编制的NCFI指数的四条航线（包括：宁波－欧洲线、宁波－中东线、宁波－地东线、宁波－地西线）指数在波罗的海交易所官方网站正式发布。作为习近平主席出访英国期间中英双方达成的重要成果之一，这是波罗的海交易所历史上首次发布其他机构的指数，意味着由我国制定的航运指数凭借其科学性、严谨性和创新性，已被国际海运市场和专业领域所认可，有力推动国内现代航运服务业发展，并显著提升中国在国际航运市场的话语权。

（4）凭借NCFI指数对推动国内航运业发展所起到的突出贡献，"海上丝路指数"被写入《中华人民共和国国民经济和社会发展第十三个五年规划纲要》，明确要求"打造具有国际航运影响力的海上丝绸之路指数"。

但该指数在推广应用以及衍生品的探索方面还较为缺乏。

综上所述，有必要对宁波海上丝路指数的服务功能及应用进一步探索，大力推广该项指数被更多企业所认可，充分挖掘大数据下海上丝路指数衍生产品，进而提升海上丝路指数的影响力，加速打造宁波港口经济圈，探索指数衍生产品的新业态，使之更好地融入我国"一带一路"建设，将宁波海上丝路指数打造成具有国际影响力的海上丝绸之路指数。

因此，基于研究需求调研并结合宁波航运交易所发展的现状，确立研究的重点：分析国内外航运金融衍生品相关理论与实践应用，探索"丝路指数"（宁波出口集装箱运价指数 NCFI）金融衍生品发展的可行性及其路径，提出宁波 NCFI 衍生品交易运营的初步建议等。

本著作分为上下两部分。上篇主要探讨基于 Vines Copula 理论下海上丝绸之路指数金融衍生品应用中风险管理问题。主要包括 Vines Copula 理论在金融分析中的应用研究概述，VINES COPULA 模型结构与参数估计，VINES COPULA 模型的边缘分布等内容。最后基于宁波海上丝绸指数发布数据进行实证研究，探讨海丝指数金融衍生品应用中市场风险测度与管理问题。下篇内容为宁波海上丝路指数服务功能及其应用探讨。首先梳理了相关研究现状、海上丝路指数发展现状和航运金融衍生品及其相关理论的基础，然后在探讨国内外航运指数发展及应用借鉴的基础上，提出宁波出口集装箱运价指数发展金融衍生品的路径；主要包括宁波出口集装箱运价指数简介、宁波出口集装箱运价指数衍生品市场参与者分析、宁波出口集装箱运价指数发展金融衍生品相关措施等。在理论探讨的基础上，探讨宁波 NCFI 衍生品交易所的创立及运行管理，包括衍生品交易所交易规则设计、衍生品交易所清算规则设计等内容。

本著作主要基于宁波市与中国社会科学院战略合作中心项目（宁波工程学院国际港口与物流研究中心 2016 年重点项目）和宁波航运交易所委托的相关课题研究成果。著作出版获得了宁波市与中国社会科学院战略合作办公室和宁波工程学院经费资助，宁波航运交易所提供了一些实证数据和相关资料。在此表示衷心感谢！

　　研究成果及其拙著限于作者的研究水平，疏漏与浅显之处请各界专家读者批评指正。书中所引用的资料未一一注明的，特向原作者致以歉意！

作者

2021 年 8 月

目　　录

下　篇

上篇

第1章

引　言

研究背景分析

　　经济全球化和信息技术的普遍应用，使金融全球化程度不断加深。随着各国金融市场开放程度的不断加深，国际金融市场发生了深刻的变化。信息技术的发展，也给金融市场间金融资本迅速流动提供了可能。经济全球化必然导致不同国家之间的经济相互依赖性增强，单个国家的经济波动能够以较快的速度传递并影响其他国家。金融市场的表现通常反映了一国经济的运行状况，而一国经济的波动必然表现出金融市场的动荡。当今时代，不同国家和地区的金融市场间的联系越来越紧密，金融市场间的相互影响越来越大。世界各国金融市场管制的放松，金融市场的开放，也使得金融市场间的协同性越来越强。科技发展使得信息在短时间内能够传播到世界各地，既提高了金融市场的效率，也增强了金融市场波动的协同性。世界金融市场之间的波动协同运动，导致任何国家和地区金融市场的波动都能够迅速波及其他市场。

　　世界各金融市场相互依赖、彼此影响，价格协同运动显著增强。一旦某个国家的金融市场产生重大危机，就很可能对整个国家的经济发展带来灾难性的后果，导致经济危机的发生；同时金融危机和经济危机又可能传递到其他经济体而引发更大范围内的金融危机和经济危机。世界金融市场发展的历史表明，单个市场价格的局部波动能够迅速地波及、扩散到其他金融市场，甚至会在世界金融市场间传递、放大、最终演变为全球性的金融危机。1997年亚洲金融危机在东南亚乃至世界上很多国家之间迅速蔓延；2008年美国的次级债危机在很短的时间内，迅速演变成世界性金融危机，进而引发欧洲债务危机，给世界金融市场带来沉重打击，严重拖累了世界经济的发展。当前，全球金融市场处于一个动荡时期，因美国次级债导致的金融危机尚未完全消除，并且欧洲债务危机又日益加深。因此，在当今准确把握各个金融市场之间的相关性和多个资产之间的相关性，对于金融机构和管理者开展风险管理，都是至关重要的。

准确把握金融市场相关的风险因素，研究金融市场风险因素之间的相依特性、同一市场中多项金融资产之间的风险相依性，以及风险相依的结构形式，认识和评估风险因素，是对金融市场风险进行管理和控制的关键，也是金融风险分析中的难点。然而，长期以来风险管理中资产收益服从正态分布的假定，与市场表现出的实际情况并不相符。本书正是在这种背景下，分析 Vines Copula 模型的研究现状，利用多变量金融时间序列数据进行实证研究。

1.2
国内外研究现状

1.2.1　金融时间序列的建模发展研究

对金融时间序列变量波动性的研究和多变量波动相关性研究一直是现代金融研究领域的热点和难点。Markowitz（1952）建立的均值—方差证券组合模型标志着现代金融组合理论的开端。Sharpe（1961）创立了著名的 CAPM 模型（Capital Asset Pricing Model），指出在一定的假设条件下，单个资产或证券组合的预期收益只与其总风险中的系统性风险有关。Ross（1976）基于相对定价法，提出了套利定价理论（Arbitrage Pricing Theory，APT）。Black 和 Scholes（1973）创立著名的期权定价模型。然而这些理论都是建立在资产收益率分布服从正态分布的假设之上的。Fama（1965）的实证研究发现股票价格收益率的实际分布与正态分布之间存在着差距。现在学者们普遍认为正态分布无法捕捉到资产收益率分布中实际存在的"尖峰厚尾"的特性和非对称性（Longin and Solnik，2001；Ang and Bekaert，2002；Emberchts and McNeil et al.，2002）。

Bollerslev（1986）在 Engle（1982）提出的 ARCH 模型（Autoregressive conditional heteroskedasticity model）的基础上，提出的 GARCH（generalized autoregressive conditional heteroskedasticity) 模型能够较准确的刻画资产收益的波动率随时间变化的特征和聚集现象，极大地改进了金融时间序列模型。GARCH 模型提出以后，有多位学者对其进行了扩展。Engle、Lilien 和 Robins (1987) 引入利用条件方差表示预期风险的 ARCH 均值模型，也称为 GARCH – M 模型 (ARCH – in – mean)。为了使资产收益率的正的和负的非对称效应能够在模型中体现，Nelson (1991) 提出了 EGARCH 模型，又称为指数 GARCH 模型。TARCH 模型又称门限 ARCH 模型 (Threshold ARCH Model)，可以参见 Glosten，Jagannathan 和 Runkle (1993)，以及 Zakoian (1994)。Ding，Granger 和 Engle (1993) 提出了 PGARCH (Power ARCH) 模型。我国学者张世英、柯珂 (2002) 提出了分整增广 GARCH – M 模型。

ARCH 模型和 GARCH 模型虽然能够较准确的刻画资产收益的波动率随时间变化的特征和聚集现象，极大地改进了金融时间序列模型的准确性，但是仍然需要假设模型残差的具体分布形式，并且无法模拟多元变量之间的波动相关性。学者们又分别将单变量 GARCH 模型的推广到多变量形式 (multivariate generalized autoregressive conditional heteroskedasticity model，MGARCH 模型)，用来描述资产收益率序列二阶矩之间的动态联系。MGARCH 模型假定资产收益率序列之间的联合分布服从某个特定的分布 (多元正态分布或多元 t 分布)，在正定的方差协方差矩阵存在的前提下，对方差协方差矩阵建模。对 MGARCH 模型中的条件方差和条件协方差矩阵具体形式的不同设定，形成了 MGARCH 模型的不同形式，常用的有 VECH 模型 (Bollerslev，Engle and Wooldridge，1988)、CCC 模型 (Bollerslev，1990)、BEKK 模型 (Engle and Kroner，1995)、DCC 模型 (Engle，2002；Tse and Tsui，2002)。Bauwens，Laurent 和 Rombouts (2006) 对 MGARCH 模型的多种形式进行了总结，并分析了每种的适用领域。但是 MGARCH 模型也存在一定的局限性。

Copula 理论克服了 MGARCH 模型中的局限。根据著名的 Sklar 定理，在一定的条件下，随机变量之间的联合分布可由随机变量的边缘分布函数和 Copula 函数来描述。Copula 函数不但能够描述变量之间的相关程度，还能够描述变量间的相依结构，因此，Copula 模型能够更加灵活的刻画现实金融序列分布的模型。Copula 函数是将随机变量的边缘分布函数和其联合分布函数连接起来的函数。Sklar 在 1959 年提出 Copula 理论以来，学者们提出了多个 Copula 函数。Jeo (1997) 和 Nelson (2006) 详细介绍了 Copula 函数的相关理论和性质。在此基础上，Patton（2001）提出了条件 Copula 函数和时变 Copula 函数的概念。但是，如果研究者只是关注多元变量的条件均值和（或）条件方差，而不是多变量之间的联合分布，Copula 模型也许并不是最合适的模型，VAR（vector autoregressive）模型和 MGARCH 模型也许更合适（Silvennoinen，Teräsvirta，2007）。

虽然二元 Copula 模型在描述两个资产收益之间的相关性时表现出很大的弹性，但是在描述多个资产收益之间的相关性时，多元 Copula 模型显示出明显的局限性。多元正态 Copula 无法模拟资产收益之间的尾部相关性；多元 t - Copula 仅能够模拟资产收益尾部之间对称的相关性；而利用某个 Archimedean Copula 函数模拟多个资产收益之间的相关性时，仅使用一个或两个变量无法准确描述资产收益之间的尾部相关性。

近年来有学者将 Copula 理论与一种称为 Vines 的图形建模工具相结合，通过 Pair - Copula 对多元分布进行分解，解决了在多个资产收益相关性建模中存在的问题。Aas，Czado 等（2009）对 C - vine Copula 和 D - vine Copula 模型统计推断技术的研究，带来了估计方法上的突破。相比于多元 Copula 模型，Vines Copula 模型能够更好地模拟多个资产收益之间的相关性（Berg and Aas，2009；Fischer，Köck 等，2009）。但是目前相比于众多的对 Vines Copula 模型结构的研究文献，Vines Copula 模型在金融风险管理和资产定价方面的研究成果较少。

1.2.2　Copula 理论和应用研究

有关 Copula 的概念最早由 Sklar（1959）提出，Genest 等（1986）和 Joe（1997）对其进行了进一步扩展。Nelson（1999）对 Copula 方法进行了系统的总结，详细介绍了 Copula 函数的定义和性质等内容，并阐述了 Archimedean Copula 的构造原理。Embrechts，McNeil 等（2002）最早将 Copula 函数引入金融分析领域。Cherubini，Luciano 等（2004）将最早 Copula 理论应用于数理金融和金融衍生产品定价领域。之后，学者们对于 Copula 理论在金融领域、宏观经济学以及微观经济学领域的应用进行了大量的研究。利用 Copula 理论对时间序列建模主要集中于两种不同的方面。一是其在多元时间序列方面的应用，关注的是在过去信息集的条件下，对多元随机变量联合发布的建模。二是对于单变量时间序列的一系列观测值应用 Copula 理论，建立马尔科夫过程和一般非线性时间序列模型（Patton，2006）。本书主要关注的是 Copula 理论在金融时间序列领域的第一种应用。

Copula 理论在金融分析领域的一个重要的应用就是在金融风险管理中的应用。正如具有"尖峰厚尾"分布特性的单个随机变量，增大了极端事件发生的可能性，多元随机变量之间的尾部相关性增加了极端事件联合发生的可能性。Embrechts 等（2003）和 Embrechts，Höing（2006）利用 Copula 方法对投资组合的 VaR（Value – at – Risk）进行了研究。Rosenberg，Schuermann（2006）将 Copula 方法应用于市场风险、信用风险和操作风险等构成的合成风险管理问题。Embrechts，Höing 等（2006）讨论了基于 Copula 的极值 VaR 在高维下的应用，并计算了投资组合的风险值。McNeil，Frey（2005）和 Alexander（2008）对 Copula 理论在风险管理中的应用进行了详细的阐述。He 等（2009）研究了基于 Copula 的银行业信用风险和市场风险综合度量方法。

Copula 理论在金融分析领域的另一种应用就是，研究和度量金融风险资产之间的相依性。风险资产之间的相关性对于投资组合选择，以及基于组合资产的衍生产品定价是至关重要的。以 CAPM 模型为代表的现代投资组合理论在多元椭圆分布的假设下，在考虑组合资产收益分布的一阶矩和二阶距的线性关系的前提下，选择最优投资组合中各个资产的比重。但是，如果资产组合的联合分布不满足椭圆分布时，最优投资组合比例的确定将依赖于各个资产收益的条件分布函数。Patton（2004）利用 Copula 函数研究了两个变量的投资组合问题。Garcia 和 Tsafack（2007）研究了分别属于两个国家的股票和债券的四变量投资组合问题。Rosenberg（2003），Bennett 和 Kennedy（2004），Van den Goorbergh，Genest 等（2005）以及 Salmon 和 Schleicher（2006）等都对如何应用 Copula 函数对期权的定价问题进行了研究。Cherubini，Luciano 等（2004）详细介绍了利用 Copula 函数对金融衍生品的定价问题，把 Copula 函数的应用范围扩展到市场关联以及套期保值等方面。Li（2000）最早将 Copula 函数应用于金融信用衍生品分析。Schönbucher，Schubert（2001），Frey，McNeil（2001）以及 Giesecke（2004）都对 Copula 理论在信用风险方面的应用进行了研究。Embrechts（2009）对 Copula 的应用进行了总结。

国内方面的研究，多是集中于对 Copula 理论的应用方面。张尧庭（2002a，2002b）、史道济（2002）从理论上对 Copula 函数在金融上应用的可行性进行了探讨。史道济、姚庆祝（2004）探讨了 Copula 函数拟合方法改进问题。史道济、关静（2003）较早的将 Copula 理论应用于沪深股市风险的相关性分析。之后，多位学者利用 Copula 理论对我国金融市场进行了研究（张明恒，2004；吴振翔、陈敏等，2006；陈守东、胡铮洋等，2006；韦艳华、张世英，2007；张金清，2008；包卫军，2008；王璐、王沁、何平，2009；王金玉、程薇，2009；郭文旌、邓明光，2010；刘晓星、邱桂华，2010；吴庆晓、刘海龙、龚世民，2011）。

1.2.3　Vines Copula 理论和应用研究

相比于大量的有关 Copula 理论和应用的文献，有关 Vines Copula 的理论研究和应用研究的文献要少得多。Vines Copula 的理论是近年来一种通过 Pair - Copula 对多元分布进行分解，解决了在多个资产收益相关性建模中存在的问题的新方法，将 Copula 理论与一种称为 Vines 的图形建模工具相结合的建模工具。

Pair - Copula 最初由 Joe（1996）提出，Bedford，Cooke（2001，2002），Kurowicka，Cooke（2006）和 Kurowicka，Joe（2011）进行了扩展和深入的研究。Aas，Berg 等（2009）对 C - vine 和 D - vine 统计推断技术的描述带来了估计方法上的突破。Dißmann，Brechmann 等（2011）对 R - vine 模型的估计进行了研究。近年来，多位学者对 Vines Copula 模型在高维分布中的应用进行了深入的研究（Schirmacher，Schirmacher，2008；Chollete，Heinen 和 Valdesogo，2009；Min，Czado，2010；Smith，Min 等，2010；Brechmann，Czado et al.，2010；Czado，Schepsmeier 和 Min，2011；Min，Czado，2011；Brechmann，Czado，2011a，2011b）。相比于多元 Copula 模型，Vines Copula 模型能够更好地模拟多个资产收益之间的相关性（Berg 和 Aas，2009；Fischer，Köck et al.，2009）。有关 Vines 的理论和应用方面最近的综述可参考 Czado（2010）和 Kurowicka，Joe（2011）。相比于众多的对 Vines Copula 模型结构的研究文献，Vines Copula 模型在金融风险管理和资产定价方面的研究成果较少。Mendes，Semeraro 和 Leal（2010）讨论了 D - vine Copula 模型在投资组合管理上的应用。Hofmann，Czado（2010）利用 R - vine Copula 对著名的 CAPM 模型进行了推广，对投资组合的市场风险 VaR（Value at Risks）进行了研究。Brechmann，

Czado（2011b）对 R‒vine Copula 模型在高维投资组合管理上的应用和投资组合的 VaR 进行了研究。我国学者黄恩喜和程希俊（2010）、赵鹏（2011）、江红莉和何建敏（2011）等学者都利用 Vines Copula 模型对投资组合风险测度问题进行了研究。

1.3
研究方法

上篇以金融学、金融市场学、金融投资组合理论和风险管理为基础，以概率统计理论、金融时间序列理论、极值理论、Copula 函数理论和 Pair Copula 的对多元分布的 Vines 分解理论为指导，以 R 软件、Splus、Eviews 和 Excel 等计算机软件为工具，采用理论研究与实证分析相结合、定性分析与定量分析相结合的研究方法。在理论分析的基础上，通过实证分析，研究金融危机对我国股票市场波动模式的影响、人民币汇率与世界主要汇率之间的相关性、以及人民币汇率与我国主要贸易伙伴之间的汇率相关性、世界主要股票市场与我国 A 股市场之间的风险相依性以及利用 Vines Copula 模型改进投资组合资产风险测度方法。

1.4
结构安排和主要内容

在上篇部分，分别简要介绍 Vines Copula 理论、Vines Copula 模型的结构和建立、以及利用 Vines Copula 模型的边缘分布模型和 Vines Copula 模型进行相关的实证分析。最后对论文工作进行总结，并提出有关未来研究展望。

第二章首先介绍 Copula 函数的定义、基本性质和特点及相关定理，以及条件 Copula 的概念。然后介绍条件 Copula 函数的概念和相关定理，在条件 Copula 理论基础上，介绍条件概率密度的 Pair‒Copula 分解和多元联合分布的 Vines Copula 分解的相关理论。其次给出常用的 Copula 函数的表达式，包括椭圆 Copulas、极值（extreme value）Copulas、阿基米德（Archimedean）Copulas 和 Archimax Copulas。最后对描述金融时间序列常用的相关性度量指标进行分析，主要介绍了 Pearson 线性相关系数、Kendall 秩相关系数、Spearman 秩相关系数和尾部相关系数。

第三章主要研究 Vines Copula 模型结构与参数估计问题。首先介绍 Vines Copula 模型的构建步骤。然后讨论如何确定 Vines Copula 模型结构，在给出 C－vine Copula 和 D－vine Copula 模型一般结构的基础上，讨论 Vines Copula 模型类别的选择与构建问题。Vines Copula 模型的关键在于选择合适的 Pair Copula 函数具体形式，本章第三节介绍常用的两类方法，即图形工具方法和拟合优度检验（goodness－of－fit tests）方法。然后讨论 Copula 模型的参数估计问题，总结了常用的几种估计方法，包括精确极大似然估计（EML 估计）、边缘函数推断法（IFM 估计）、正则极大似然估计（CML）和非参数估计等。然后讨论 Vines Copula 模型的参数估计问题，具体讨论 C－vine Copula 模型和 D－vine Copula 模型的参数推断。最后介绍 Vines Copula 模型的模拟方法，包括 Vines 结构模拟和 Vines Copula 模型边缘分布模拟。

第四章研究 Vines Copula 模型的边缘分布问题。首先，从资产的收益率、金融时间序列收益率的分布特性和金融时间序列收益率的平稳性和白噪声等几个方面介绍金融时间序列收益率一般特性。其次，介绍金融时间序列分析中常用的 ARMA－GARCH 模型。再次，介绍描述多变量情景的 VAR－MGARCH 模型，具体包括多变量条件协方差模型（VEC 模型）、BEKK 模型、不变条件相关系数模型（CCC 模型）和动态条件相关模型（DCC 模型）。再次，介绍基于极值理论的 POT 模型的建立和估计问题。最后，是实证研究部分，分别是利用 ARMA－GARCH 模型研究金融危机对中国沪深 300 指数波动的影响，利用 VAR 模型研究中国大陆与主要贸易伙伴之间的汇率联动分析问题，以及基于 MGARCH 模型的东亚次区域汇率合作中人民币的选择问题。

第五章基于 Copula 模型研究世界主要股市风险相依性问题。选择中国沪深 300 指数、中国香港恒生指数、新加坡海峡时报指数、日本日经 225 指数、美国标准普尔 500 指数、英国富实 100 指数、德国 DAX 指数和法国 CAC40 指数作为世界主要股票市场指数。利用 2004 年 1 月 1 日至 2011 年 11 月 30 日期间，各股指的每日收盘数据基于 POT－Copula 模型对 8 个股票市场之间的风险相依性进行了研究。

第六章是基于 Vines Copula 模型的金融市场风险测度研究。选择 2006 年 8 月 1 日至 2011 年 12 月 31 日期间，我国外汇管理局公布的人民币对美元、欧元、日元、港币和英镑每日汇率中间价作为研究对象，利用 C－vine Copula 模型研究 5 种汇率之间的相关性。并在介绍金融市场风险特点、种类和度量方法的基础上，介绍金融市场风险度量中 VaR（Value at Risks）和 ES（Expected Shortfall）。最后在对模型估计的基础上，通过蒙特卡洛模拟方法和相关计算得出在 C – vine Copula 模型下，5 种汇率投资组合的 VaR（Value at Risks）和 ES（Expected Shortfall）。

第七章是对本书上篇的总结，并探讨有待进一步研究的问题。

1.5

创新之处

上篇的创新之处主要有以下几点：

（1）系统总结了 Vines Copula 模型的相关理论，并将 Vines Copula 模型应用于多元金融时间序列分析。现有的关于 Copula 理论的应用研究，大多集中在研究二元 Copula 模型的建立和应用分析上，较少的文献利用某种单一的 Copula 函数研究多元变量间的相关分析。而对 Vines Copula 模型的研究多是集中在研究多维相关结构的分解上，较少有文献将 Vines Copula 模型应用于多元金融时间序列分析。

（2）现有的文献在研究高维领域投资组合的市场风险时，假设 Vines Copula 模型的边缘分布服从 ARMA – GARCH 模型。本书利用近年来在金融风险管理中常用的 POT（Peaks Over Threshold）模型作为 Vines Copula 模型的边缘分布，对多元金融变量建立 Vines Copula 模型。

（3）利用更多类型的 Copula 函数作为实证研究时具体 Copula 函数的备选对象。现有的文献在对 Copula 函数进行选择时，多是从正态 Copula，t Copula，Clayton Copula，Gumbel Copula，Frank Copula 等几种 Copula 函数中选择相对合适的函数形式。本书在实证研究部分备选 Copula 函数形式达 31 种，其中包括椭圆形 Copula 函数族，其包括正态 Copula 和学生 t Copula。阿基米德 Copula 函数族包括：Clayton，Gumbel，Frank 和 Joe 四种单变量 Copula 函数；Clayton – Gumbel，Joe – Gumbel，Joe – Clayton 和 Joe – Frank 四种双变量 Copula 函数，Joe（1997）分别称之为 BB1，BB6，BB7 和 BB8。对 Clayton，Gumbel，Joe，BB1，BB6，BB7 和 BB8 等 7 种 Copula 函数分别旋转 180 度、270 度和 90 度，形成各

自对应的新的 Copula 函数形式 C_{180}、C_{270} 和 C_{90}。C_{180} 函数称之为生存 Copula 函数，C_{270} 和 C_{90} 函数能够模拟变量之间的负相关情景。

（4）分别利用几种 Vines Copula 模型的边缘分布模型对和我国相关的股票指数、汇率等金融时间序列变量进行实证研究。

（5）在当今国际金融市场动荡的时期，利用二元 Copula 模型的研究我国 A 股市场与世界主要股市之间的风险相依性，为管理 A 股市场风险提供决策参考。

（6）首次利用 POT C – vine Copula 模型对我国外汇市场进行实证研究，并利用蒙特卡罗模拟方法对模型模拟，估计高维投资组合的在险价值（Value at Risk，VaR）和期望不足（expected shortfall，ES）。

第 2 章

Vines Copula 理论概述

一般来说，由多元随机变量的联合分布可以确定每个随机变量的边缘分布，但是由多个随机变量的边缘分布却很难确定其联合分布。然而在金融分析中，确定多个金融资产的联合分布，对于投资组合分析、风险管理等来说是至关重要的。Copula 概念的提出并在理论上的逐渐完善，以及其在金融分析领域的应用，解决了给定几个金融随机变量的边缘分布的情况下，如何确定它们的联合分布的难题。本章主要介绍 Copula 函数的概念、性质和特点；基于 Copula 函数的相关性度量以及条件 Copula 的概念；基于成对 Copula 函数的对高维联合分布的分解方法，即 Vines Copula 模型理论。

2.1

Copula 函数的概念和性质

Copula 一词由 Sklar 发明创造的，来源于拉丁语"link"或"bond"，即连接的意思。Copula 函数最早由 Sklar（1959）提出。Sklar（1959）提出可以将一个 N 维联合分布函数分解为 N 个边缘分布函数和一个 Copula 函数，这个 Copula 函数描述了变量之间的相关性。由于 Copula 函数具有优良的统计性质，因此 Copula 函数在金融领域的应用范围逐渐拓宽，使用频率也逐渐升高。

2.1.1 Sklar 定理

Sklar 定理是 Copula 函数的理论基础，在介绍 Sklar 定理之前，首先介绍分布函数和伪逆函数的定义。

令 I 表示由 0 和 1 构成的封闭实数集，即 I = [0, 1]，则 I^2 表示 I × I 构成的单位实数面；R 表示一般实数集（ − ∞，＋ ∞）；$\overline{R}$ 表示扩展的实数集 [− ∞，＋ ∞]；$\overline{R}^2$ 表示扩展的实数面 $\overline{R} × \overline{R}$。来自 $\overline{R}^2$ 中的一个矩形面 B，B = $[x_1, x_2] × [y_1, y_2]$，指由 $\overline{R}^2$ 中的顶点 (x_1, y_1)、(x_1, y_2)、(x_2, y_1) 和 (x_2, y_2) 构成的封闭面。二维实函数（2 – place real function）H 指函数 H 的定义域（Dom）为 $\overline{R}^2$ 中的一个子集，值域（Ran）为 R 的子集。

定义 2 – 1（盛骤、谢式千等，1989）分布函数： 设 X 是一个随机变量，x 是任意实数，函数

$$F(x) = P\{X \leqslant x\} \tag{2-1}$$

称为 X 的分布函数。分布函数 $F(x)$ 满足：

（1）$F(x)$ 是一个非递减的函数

（2）$0 \leqslant F(x) \leqslant 1$，且 $F(-∞) = 0$ 和 $F(∞) = 1$

定义 2 – 2（盛骤、谢式千等，1989）联合分布函数： 设（X，Y）是二维随机变量，对于任意实数 x 和 y，二元函数

$$F(x, y) = P\{(X \leqslant x) \cap (Y \leqslant y)\} \triangleq P(X \leqslant x, Y \leqslant y) \tag{2-2}$$

称为二维随机变量（X，Y）的分布函数，或称为随机变量 X 和 Y 的联合分布函数。联合分布函数 F（x，y）满足：

（1）F（x，y）是变量 x 和 y 的非递减函数，即对于任意固定的 y，当 $x_2 > x_1$ 时 $F(x_2, y) \geqslant F(x_1, y)$；对于任意固定的 y，当 $y_2 > y_1$ 时 $F(x, y_2) \geqslant F(x, y_1)$。

（2）$0 \leqslant F(x, y) \leqslant 1$，且对于任意固定的 y，$F(-∞, y) = 0$；对于任意固定的 x，$F(x, -∞) = 0$；$F(-∞, -∞) = 0$，$F(+∞, +∞) = 1$。

（3）$F(x, y) = F(x+0, y)$，$F(x, y) = F(x, y+0)$，即 $F(x, y)$ 关于 x 右连续，关于 y 也右连续。

（4）对于任意 (x_1, y_1)，(x_2, y_2)，$x_1 < x_2$，$y_1 < y_2$

$$F(x_2, y_2) - F(x_2, y_1) + F(x_1, y_1) - F(x_1, y_2) \geqslant 0$$

定义 2 – 3（Nelsen，2006）伪逆函数： 令函数 F 为分布函数，则分布函数 F 的伪逆函数（quasi – inverse function）指定义域为 [0, 1] 区间的函数 $F^{(-1)}$ 满足：

（1）如果 t 在函数 F 的值域内，则 $F^{(-1)}(t)$ 表示实数集内任意数 x，满足 $F(x) = t$，也就是说，对于函数 F 的值域内的所有的 t，$F[F^{(-1)}(t)] = t$。

（2）如果 t 不在函数 F 的值域内，则 $F^-(t) = \inf\{x \mid F(x) \geq t\} = \sup\{x \mid F(x) \leq t\}$。

如果 F 是严格单调递增的，则存在唯一的伪逆函数，通常记作 F^-。

定理 2 -1（Nelsen，2006）Skalr 定理：令 H 为具有边缘分布函数 F 和 G 的联合分布函数，则存在一个 Copula 函数 C 满足：对于实数集内所有的 x 和 y

$$H(x,y) = C[F(x), G(x)] \tag{2-3}$$

如果边缘分布函数 F 和 G 连续，则 Copula 函数 C 唯一确定；反之，如果 C 为 Copula 函数，F 和 G 为一元分布函数，则函数 H 是具有边缘分布函数 F 和 G 的联合分布函数。

推论：令 H 为具有边缘分布函数 F 和 G 的联合分布函数，C 为相应的 Copula 函数，$F^{(-1)}$ 和 $G^{(-1)}$ 分别为函数 F 和 G 的伪逆函数，则对于函数 C 定义域内的任意（u，v），均有

$$C(u,v) = H[F^{(-1)}(u), G^{(-1)}(v)] \tag{2-4}$$

如果边缘分布函数 F 和 G 连续，在已知联合分布函数 H 时，即可求的相应的 Copula 函数 C。

由 Skalr 定理及其推论可知，既可以由边缘分布函数和一个连接边缘函数的 Copula 函数构建联合分布函数，也可以由分布函数的伪逆函数和联合分布函数求的相应的 Copula 函数。

联合分布函数 H 的密度函数 h 可以通过 Copula 函数 C 的密度函数 c 和边缘分布函数 F 和 G 得出

$$h(x,y) = c[F(x), G(y)] \cdot f(x) \cdot g(y) \tag{2-5}$$

其中 $c(u,v) = \dfrac{\partial^2 C(u,v)}{\partial u \partial v}$，$u = F(x)$，$v = G(y)$，$f(x)$、$g(y)$ 分别为边缘分布函数 $F(X)$ 和 $G(Y)$ 的密度函数。

Skalr 定理可以推广到 n 维形式：

定理 2 -2（Nelsen，2006）n 维 Skalr 定理：令 H 为具有边缘分布函数 F_1，F_2，$\cdots$，F_n 的 n 维联合分布函数，则存在一个 n 元 Copula 函数 C 满足：对于 n 维扩展的实数集 $\overline{R}^n$ 内的所有 X

$$H(x_1, x_2 \cdots, x_n) = C[F_1(x_1), F_2(x_2), \cdots F_n(x_n)] \tag{2-6}$$

如果边缘分布函数 F_1，F_2，$\cdots$，F_n 连续，则 Copula 函数 C 唯一确定；反之，如果 F_1，F_2，$\cdots$，F_n 为一元分布函数，C 为相应的 Copula 函数，则函数

H 是具有边缘分布函数 F_1，F_2，$\cdots$，F_n 的 n 维联合分布函数。

推论：令 H 为具有边缘分布函数 F_1，F_2，$\cdots$，F_n 的 n 维联合分布函数，C 为相应的 Copula 函数，$F_1^{(-1)}$，$F_2^{(-1)}$，$\cdots$，$F_n^{(-1)}$ 分别为函数 F_1，F_2，$\cdots$，F_n 的伪逆函数，则对于函数 C 定义域内的任意（u_1，$u_2 \cdots$，u_n），均有

$$C(u_1, u_2 \cdots, u_n) = F\left[F_1^{(-1)}(u_1), F_2^{(-1)}(u_2), \cdots, F_n^{(-1)}(u_n) \right] \quad (2-7)$$

与二元情景相似，n 维联合分布函数 H 的密度函数 h 可以通过 n 元 Copula 函数 C 的密度函数 c，和 n 个边缘分布函数 F_1，F_2，$\cdots$，F_n 得出

$$f(x_1, x_2 \cdots, x_n) = c(F_1(x_1), F_2(x_2), \cdots, F_n(x_n)) \prod_{i=1}^{n} f_i(x_i) \quad (2-8)$$

其中，$c(u_1, u_2 \cdots, u_n) = \dfrac{\partial^n C(u_1, u_2 \cdots, u_n)}{\partial u_1 \partial u_2 \cdots \partial u_n}$，$u_i = F_i(x_i)$，$f_i(x_i)$ 分别是 $F_i(x_i)$ 的密度函数（$i = 1$，2，$\cdots$，n）。

2.1.2 Copula 函数的定义和性质

（1）Copula 函数的定义。

定义 2 - 4 （Nelsen，2006）函数零基面（grounded）：令 S_1 和 S_2 是 $\overline{R}$ 的非空子集，函数 H(x,y) 的定义域为 $S_1 \times S_2$，如果至少存在一个 $a_1 \in S_1$ 和 $a_2 \in S_2$，使得 H(x, a_2) = 0 = H(a_1, y)，则称函数 H 具有零基面（grounded）。

定义 2 - 5 （Nelsen，2006）二维递增（2 - increasing）函数：令 S_1 和 S_2 是 $\overline{R}$ 的非空子集，二元函数 H(x, y) 定义域为 $S_1 \times S_2$；令 $B = [x_1, x_2] \times [y_1, y_2]$，B 的顶点在 H 的定义域内，对于 H 的定义域内任意的 B，如果 $V_H(B) \geqslant 0$，则称函数 H 为二维递增（2-increasing）

$$V_H(B) = H(x_2, y_2) - H(x_2, y_1) - H(x_1, y_2) + H(x_1, y_1) \quad (2-9)$$

定义 2 - 6 （Nelsen，2006）二元 Subcopula 函数：二元 Subcopula 函数（简称 Subcopula 函数）是指满足以下性质的函数 C'：

①函数 C' 的定义域为 $S_1 \times S_2$，S_1 和 S_2 是包含 0 和 1 的I子集，I = [0，1]；

②函数 C' 有零基面（grounded）并且是二维递增的（2 - increasing）；

③对于 S_1 中任意的 u 和 S_2 中任意的 v

$$C'(u, 1) = u \text{ 和 } C'(1, v) = v \quad (2-10)$$

值得注意的是，对于 C' 定义域内任意的（u，v），$0 \leqslant C'(u, v) \leqslant 1$，因此

C'的值域仍然是 I 的子集。

定义 2 - 7（Nelsen，2006）**二元 Copula 函数**：二元 Copula 函数为定义域为 I^2 的二元 Subcopula 函数。

将二维零基面（grounded）和二维递增（2 - increasing）函数的概念扩展到 n 维，可以定义 n 维 Subcopula 函数和 n 维 Copula 函数。

定义 2 - 8（Nelsen，2006）**n 维 Subcopula 函数**：n 维 Subcopula 函数 C' 指满足以下性质的函数 C'：

①函数 C' 的定义域为 $S_1 \times S_2 \times \cdots \times S_n$，$S_i$（$i = 1$，2，$\cdots$，$n$）是包含 0 和 1 的 I 子集，$I = [0, 1]$；

②函数 C' 有零基面（grounded）并且是 n 维递增的（n - increasing）；

③C' 的边缘分布 $C_i'(i = 1$，2，$\cdots$，$n)$，对于 S_i 中任意的 u

$$C_k'(u) = u \tag{2-11}$$

对于 C' 定义域内任意的 u，$0 \leqslant C'(u,v) \leqslant 1$，因此 C' 的值域仍然是 I 的子集。

定义 2 - 9（Nelsen，2006）**n 维 Copula 函数**：n 维 Copula 函数是定义域为 I^n 的 n 维 Subcopula 函数。

（2）Copula 函数的性质。

二元 Copula 函数 C（u，v）的基本性质：

①对于 I 中任意变量 u 和 v，满足 $C(u,0) = 0 = C(0,v)$，$C(u,1) = u$ 且 $C(1,v) = v$；

②对于 I 中任意的变量 u_1、u_2、v_1 和 v_2，当 $u_1 \leqslant u_2$ 和 $v_1 \leqslant v_2$ 时

$$C(u_2,v_2) - C(u_2,v_1) - C(u_1,v_2) + C(u_1,v_1) \geqslant 0；$$

③对于 I 中任意变量 u 和 v，满足 $\max(u + v - 1) \leqslant C(u,v) \leqslant \min(u,v)$；令 $C^-(u,v) = \max(u + v - 1)$，$C^+(u,v) = \min(u,v)$，$C^-(u,v)$ 和 $C^+(u,v)$ 分别称为 Fréchet 的下边界和上边界；

④对于 I 中任意的变量 u_1、u_2、v_1 和 v_2，满足

$$|C(u_2,v_2) - C(u_1,v_1)| \leqslant |u_2 - u_1| + |v_2 - v_1|；$$

⑤对于 I 中任意变量 u 和 v，$C(u,v)$ 是非递减函数；

⑥如果 u 和 v 独立，则 $C(u,v) = uv$。

2. 2

生存 Copula 函数

2.2.1 生存函数

在对金融变量的极大值或极小值的分布函数进行估计分析时，常用到生存 Copula（survival copula）函数和联合生存函数（joint survival function）。生存函数又称为生存概率，表示变量的生存时间长于时间 x 的概率，用 $\overline{F}(x)$ 表示：

$$\overline{F}(x) = P[X > x] = 1 - F(x)$$

其中，F(x) 表示随机变量 X 的分布函数，$X \in \overline{R}$。对于具有联合分布函数 H 的成对随机变量（X，Y），其联合生存函数为 $\overline{H}(x,y)$

$$\overline{H}(x,y) = P[X > x, Y > y]$$

$\overline{H}(x,y)$ 的边缘分布函数 $\overline{H}(x, -\infty)$ 和 $\overline{H}(-\infty, y)$ 分别为单变量生存函数 $\overline{F}$ 和 $\overline{G}$。设随机变量 X 和 Y 的 Copula 函数为 C，则

$$\begin{aligned}\overline{H}(x,y) &= 1 - F(x) - G(y) + H(x,y) \\ &= \overline{F}(x) + \overline{G}(y) - 1 + C[F(x), G(y)] \\ &= \overline{F}(x) + \overline{G}(y) - 1 + C[1 - \overline{F}(x), 1 - \overline{G}(y)]\end{aligned}$$

$$(2-12)$$

2.2.2 生存 Copula 函数

定义 2 – 10（**Nelsen，2006**）**生存 Copula 函数**：随机变量 X 和 Y 的分布函数分别为 F(x) 和 G(y)，生存函数分别为 $\overline{F}(x)$ 和 $\overline{G}(y)$，X 和 Y 的 Copula 函数为 C，成对随机变量（X，Y）的联合分布函数为 H(x,y)，其联合生存函数为 $\overline{H}(x,y)$；令 $u = F(x)$、$v = G(y)$，那么生存 Copula 函数 $\overline{C}$ 为从 I^2 到 I 的函数

$$\overline{C}(u,v) = u + v - 1 + C(1 - u, 1 - v) \qquad (2-13)$$

$$\overline{H}(x,y) = \overline{C}[\overline{F}(x), \overline{G}(y)] \qquad (2-14)$$

定理 2 – 3（**Cherubini，Luciano et al.，2004**）令 $\overline{F}(x)$ 和 $\overline{G}(y)$ 分别为

随机变量 X 和 Y 的生存函数，则对于任意的 $(x,y) \in R^2$：

（1）如果 C_s 为任意的 Subcopula，其定义域为 $\overline{F}(x)$ 和 $\overline{G}(y)$ 的值域所形成的区域 $Ran\overline{F} \times Ran\overline{G}$，则 $C_s(\overline{F}(x), \overline{G}(y))$ 是一个边缘分布为 $\overline{F}(x)$ 和 $\overline{G}(y)$ 的联合生存函数；

（2）反之，如果 $\overline{H}(x,y)$ 为边缘分布为 $\overline{F}(x)$ 和 $\overline{G}(y)$ 的联合生存函数，那么存在唯一的 Subcopula 函数 C_s，其定义域为 $Ran\overline{F} \times Ran\overline{G}$，满足

$$\overline{H}(x,y) = C_s[\overline{F}(x), \overline{G}(y)]$$

如果 F(x) 和 G(y) 连续，则此 Subcopula 函数是一个 Copula 函数；否则，存在一个 Copula 函数，对于 $Ran\overline{F} \times Ran\overline{G}$ 内的任意的 (u, v)，满足

$$C(u,v) = C_s(u,v)$$

利用生存 Copula 函数，条件概率表示为

$$P(U > u, V > v) = \frac{1 - u - v + C(u,v)}{1 - v} = \frac{\overline{C}(1-u, 1-v)}{1-v} \qquad (2-15)$$

因此，

$$P(X > x, Y > y) = \frac{\overline{C}[\overline{F}(x), \overline{G}(y)]}{\overline{G}(y)} \qquad (2-16)$$

如果令 Copula 函数 $\tilde{C}$ 为

$$\tilde{C}(u,v) = 1 - u - v + C(u,v) \qquad (2-17)$$

那么，由生存 Copula 函数 $\overline{C}$ 的定义可知

$$\overline{C}(1-u, 1-v) = 1 - u - v + C(u,v)$$

$$= \tilde{C}(u,v)$$

$$= P[U > u, V > v]$$

即函数 $\tilde{C}$ 与生存 Copula 函数 $\overline{C}$ 的关系为

$$\tilde{C}(u,v) = \overline{C}(1-u, 1-v) \qquad (2-18)$$

2.3

Vines Copula 模型理论概述

虽然二元 Copula 模型在描述两个资产收益之间的相关性时表现出很大的

弹性，但是在描述多个资产收益之间的相关性时，多元 Copula 模型显示出明显的局限性。多元正态 Copula 无法模拟资产收益之间的尾部相关性；多元 t – Copula 仅能够模拟资产收益尾部之间对称的相关性；而利用某个 Archimedean Copula 函数模拟多个资产收益之间的相关性时，仅使用一个或两个变量无法准确描述资产收益之间的尾部相关性。近年来，有学者利用条件 Copula 和图形建模工具 Vine（藤），提出了将多元分布通过 Pair – Copula 进行分解，建立 Vines Copula 模型，从而解决了在多个资产收益相关性建模中存在的问题。本节介绍条件 Copula 的概念和 Vines 的基本理论，以及利用 Vines Copula 对多元分布的分解。

2.3.1 条件 Copula

在经济计量领域，出于对经济变量模拟和预测的需要，常需要在过去信息的基础上，建立条件分布模型（Davidson，MacKinnon，1993）。Patton（2006）将标准的 Copula 理论扩展到条件 Copula，并利用条件 Copula 理论研究随机变量的时变相关性。

遵循 Patton（2006）的表述，随机向量 X 和 Y 表示随机变量，W 表示条件变量；F_{XYW} 表示随机变量 X、Y 和 W 的联合分布函数；$F_{XY|W}$ 表示在已知 W 的条件下，随机变量 X、Y 的联合分布函数；在已知 W 的条件下，随机变量 X、Y 的条件分布函数（$F_{XY|W}$ 的条件边缘分布函数）分别以 $F_{X|W}$ 和 $F_{Y|W}$ 表示。假设 F_{XYW} 光滑并且 $F_{X|W}$、$F_{Y|W}$ 和 $F_{XY|W}$ 连续。由概率理论知，$F_{X|W}(x \mid w) = F_{XY|W}(x, \infty \mid w)$ 和 $F_{Y|W}(y \mid w) = F_{XY|W}(\infty, y \mid w)$，并且条件分布函数 $F_{XY|W}$ 可由无条件分布函数 F_{XYW} 得出，对于 $w \in W$

$$F_{XY|W}(x, y \mid w) = f_w(w)^{-1} \cdot \frac{\partial F_{XYW}(x, y, w)}{\partial w} \qquad (2-19)$$

其中，f_w 为随机变量 W 的无条件概率密度函数。

定理 2 – 4（Patton，2006）条件 Sklar 定理：令 $F_{X|W}$ 和 $F_{Y|W}$ 分别表示在已知 W = w 的条件下，随机变量 X、Y 的条件分布函数；$F_{XY|W}$ 表示在已知 W = w 的条件下，随机变量 X、Y 的联合分布函数，假设对于在条件 $w \in W$ 下的所有的 x 和 y，条件分别函数 $F_{X|W}(\cdot \mid w)$ 和 $F_{Y|W}(\cdot \mid w)$ 连续，则在定义域 $\overline{R}^2$ 内存在唯一的条件 Copula 函数，满足

$$F_{XY|W}(x, y \mid w) = C[F_{X|W}(x \mid w), F_{Y|W}(y \mid w)] \qquad (2-20)$$

反之，如果 $F_{X|W}$ 和 $F_{Y|W}$ 分别表示在已知 $W = w$ 的条件下，随机变量 X、Y 的条件分布函数；并且 $C(\,\cdot\, \mid w)$ 为在条件 $w \in W$ 下的条件 Copula 函数，则 $F_{XY|W}$ $(\,\cdot\, \mid w)$ 为二元条件联合分布函数，且其条件边缘分布函数为 $F_{X|W}(\,\cdot\, \mid w)$ 和 $F_{Y|W}(\,\cdot\, \mid w)$。

令由条件 Sklar 定理，可定义条件 Copula 函数。

定义 2 – 11　条件 Copula 函数：具有以下性质的函数 $C(\,\cdot\,,\,\cdot \mid \cdot\,)$ 为二元条件 Copula 函数：

①$C(u, 0 \mid w) = C(0, v \mid w) = 0, C(u, 1 \mid w) = u, C(1, v \mid w) = v$，其中 $u \in$ I，$v \in$ I；

②对于 I 中任意的变量 u_1、u_2、v_1 和 v_2，当 $u_1 \le u_2$ 和 $v_1 \le v_2$ 时

$$C(u_2, v_2 \mid w) - C(u_2, v_1 \mid w) - C(u_1, v_2 \mid w) + C(u_1, v_1 \mid w) \ge 0$$

其中 w 为信息集。

2.3.2　条件概率密度的 Pair – Copula 分解

由多元概率知识可知，一个多元概率密度函数可以分解为边际密度函数和一系列条件密度函数。利用 Copula 理论，多元概率密度函数的条件密度函数可以利用一种称之为 Pair – copula 分解。

设随机向量 $X = (X_1, X_2, \cdots, X_n)'$ 的联合分布函数为 F，概率密度函数为 $f(x_1, x_2, \cdots, x_n)$。由概率理论可知

$$f(x_1, x_2, \cdots, x_n) = f(x_n) \cdot f(x_{n-1} \mid x_n) \cdot f(x_{n-2} \mid x_{n-1}, x_n) \cdots f(x_1 \mid x_2 \cdots, x_n)$$

$$(2-21)$$

与二元情景相似，$f(x_1, x_2, \cdots, x_n)$ 可以通过 n 元 Copula 函数 C 的密度函数 c，和 n 个边缘分布函数 F_1，F_2，$\cdots$，F_n 得出

$$f(x_1, x_2, \cdots, x_n) = c[F_1(x_1), F_2(x_2) \cdots F_n(x_n)] \prod_{i=1}^{n} f_i(x_i) \qquad (2-22)$$

其中 $c(u_1, u_2, \cdots, u_n) = \dfrac{\partial^n C(u_1, u_2, \cdots, u_n)}{\partial u_1 \partial u_2 \cdots \partial u_n}$，$u_i = F_i(x_i)$，$f_i(x_i)$ 分别是 $F_i(x_i)$ 的密度函数（$i = 1, 2, \cdots, n$）。

设二元随机变量为 X_{n-1} 和 X_n，由式（2 – 3 – 1）和式（2 – 3 – 2）知，

$$f(x_{n-1},x_n) = f(x_n) \cdot f(x_{n-1} \mid x_n) \quad f(x_{n-1},x_n) = c_{(n-1)n}[F_{n-1}(x_{n-1}),F_n(x_n)] \cdot$$
$$f_{n-1}(x_{n-1})f_n(x_n)$$

因此，

$$f(x_{n-1} \mid x_n) = c_{(n-1)n}[F_{n-1}(x_{n-1}),F_n(x_n)] \cdot f_{n-1}(x_{n-1}) \qquad (2-23)$$

也就说，条件概率密度函数 $f(x_{n-1} \mid x_n)$ 可以分解为 $c_{(n-1)n}(\cdot \mid \cdot)$ 和一个边际密度函数 $f_{n-1}(x_{n-1})$ 的乘积，其中 $c_{(n-1)n}(\cdot \mid \cdot)$ 为一个边缘分布函数为 $F_n(x_n)$ 和 $F_{n-1}(x_{n-1})$ 的 Pair – Copula 的密度函数。

同理，设三元随机变量为 X_{n-2}，X_{n-1} 和 X_n，由式（2 – 22）知

$$f(x_{n-2},x_{n-1},x_n) = f(x_n) \cdot f(x_{n-1} \mid x_n) \cdot f(x_{n-2} \mid x_{n-1},x_n)$$

因此，

$$f(x_{n-2} \mid x_{n-1},x_n) = \frac{f(x_{n-2},x_{n-1},x_n)}{f(x_n) \cdot f(x_{n-1} \mid x_n)} \qquad (2-24)$$

由式（2 – 21）知

$$f(x_{n-2},x_{n-1},x_n) = f(x_n) \cdot f(x_{n-2},x_{n-1} \mid x_n) \qquad (2-25)$$

由条件 Copula 理论知

$$f(x_{n-2},x_{n-1} \mid x_n) = c_{(n-2)(n-1) \mid n}[F(x_{n-1} \mid x_n),F(x_{n-2} \mid x_n)] \cdot f(x_{n-1} \mid x_n)$$
$$f(x_{n-2} \mid x_n) \qquad (2-26)$$

将式（2 – 26）代入式（2 – 24）得

$$f(x_{n-2} \mid x_{n-1},x_n) = c_{(n-2)(n-1) \mid n}[F(x_{n-1} \mid x_n),F(x_{n-2} \mid x_n)] \cdot f(x_{n-1} \mid x_n)$$
$$(2-27)$$

将式（2 – 23）代入式（2 – 27）得

$$f(x_{n-2} \mid x_{n-1},x_n) = c_{(n-2)(n-1) \mid n}[F(x_{n-1} \mid x_n),F(x_{n-2} \mid x_n)] \cdot c_{(n-1)n}[F_{n-1}$$
$$(x_{n-1}),F_n(x_n)] \cdot f_{n-1}(x_{n-1}) \qquad (2-28)$$

值的注意的是，类似于式（2 – 25）的将 $f(x_{n-2},x_{n-1},x_n)$ 化为条件概率时，转化的方式并不是唯一的，因此，$f(x_{n-2} \mid x_{n-1},x_n)$ 的 Pair – Copula 分解结果也不是唯一的。

与二元随机变量和三元随机变量类似，利用式（2 – 21）和条件 Copula 理论，可以依次得出 $f(x_{n-3} \mid x_{n-2},x_{n-1},x_n)$，$f(x_{n-4} \mid x_{n-3},x_{n-2},x_{n-1},x_n) \cdots f(x_1 \mid x_2 \cdots,x_n)$ 的 Pair – Copula 分解结果。但是，与三元随机变量时类似，每个条件概率密度函数都有多种不同形式的 Pair – Copula 分解结果。

条件概率密度函数 $f(x \mid v)$ 的 Pair – Copula 分解为

$$f(x \mid v) = c_{xv_j \mid v_{-j}} \big[F(x \mid v_{-j}), F(v_j \mid v_{-j}) \big] \cdot f(x \mid v_{-j}) \qquad (2-29)$$

其中，v 是一个 d 维向量，v_j 是 v 任意的一部分元素构成的向量，v_{-j} 表示 v 中除去 v_j 后构成的向量。

　　总之，通过 Pair – Copula 函数对条件概率密度函数的分解，多元概率密度函数能够以一系列 Pair – Copula 函数和边缘分布函数表示。

　　Joe（1996）将 Pair – Copula 分解中所涉及的边缘条件分布 $F(x \mid v)$ 表示为：对于任意的 j，均有

$$F(x \mid v) = \frac{\partial C_{xv_j \mid v_{-j}} \big[F(x \mid v_{-j}), F(v_j \mid v_{-j}) \big]}{\partial F(v_j \mid v_{-j})} \qquad (2-30)$$

其中，$C_{ij \mid k}$ 是一个双变量 Copula 的分布函数。特别是当 v 为单变量时

$$F(x \mid v) = \frac{\partial C_{xv} \big[F_x(x), F_v(v) \big]}{\partial F_v(v)} \qquad (2-31)$$

　　当 x 和 v 服从均匀分布时，即 $f(x) = f(v) = 1$，$F(x) = x$ 和 $F(v) = v$，Aas，Czado 等（2009）利用函数 $h(x, v; \theta)$ 表示条件概率分布函数 $F(x \mid v)$

$$h(x, v; \theta) = F(x \mid v) = \frac{\partial C_{x,v}(x, v; \theta)}{\partial v} \qquad (2-32)$$

其中，参数 v 对应于条件变量，θ 为连接 x 和 v 的 Copula 函数的参数集。

2.3.3　多元联合分布的 Vines Copula 分解

　　Vines（藤）是一种图形建模工具，利用 Vines 这种图形模型可以实现对多元分布的完全分解。一个 n 维 Vines 结构可以由 n – 1 棵树的集合 T 表示 T = $(T_1, T_2, \cdots, T_{n-1})$，其中第 i 棵树 T_i 中的边是树 $T_i + 1$ 的节点，并且每棵树由最大数目的边（Kurowicka & Joe，2011）。由于利用 Vines 工具对多元分布进行分解时，有多种分解形式，为了对 Vines 分解形式进行分类，Bedford 和 Cooke（2001a，2001b，2002）提出了称之为 R – vine（regular vines）的定义。遵循 Bedford 和 Cooke（2006）中的描述，给出 R – vine（regular vines）的定义。

　　定义 2 – 12　R – vine：一个具有 n 个变量的 R – vine 由一系列连接的 n – 1 棵树（连接的无环的图形）T = $(T_1, T_2, \cdots, T_{n-1})$ 组成；树 T_i 的节点和边分别为 N_i 和 $E_i (i = 1, 2, \cdots, n-1)$；$T_1$ 的节点为 $N_1 = (1, 2, \cdots, n)$，T_1 的边为 E_1；

对于 $i = (2, \cdots, n-1)$，树 T_i 的节点为 $N_i = E_{i-1}$，即第 $i-1$ 棵树 T_{i-1} 中的边是树 T_i 的节点；只有 T_i 中的两条边共享一个节点时，此两条边在树 T_{i+1} 中相连。

Bedford 和 Cooke（2001a，2001b），Kurowicka，Cooke（2004）指出，R-vine 树中的边可以由通过两种节点界定。一种节点称为过去条件节点（conditioned nodes）。另一种节点称为现在条件节点（conditioning nodes），即由 $e = j(e)$，$k(e) \mid D(e)$ 表示的边，其中 $D(e)$ 是现在条件集合（the conditioning set）。

由 R-vine 的定义可知，$n-1$ 棵树可以表示一个具有 n 个变量之间的相关关系，那么利用 R-vine 理论，通过 $n-1$ 棵树 $T = (T_1, T_2, \cdots, T_{n-1})$ 也可以分解 n 维 Copula 结构，并以 Pair-Copula 表示树 T_i（$i = 1, 2, \cdots n-1$）中的每条边，最终可以将 n 维 Copula 密度函数 c 通过 Pair-Copula 分解为 R-vine 结构形式。这种对多个随机变量联合概率分布的建模方法，称之为 R-vine Copula 模型，本文简称为 Vines Copula 模型①。

具有 n 个随机变量的 R-vine Copula 的 $n-1$ 棵树，通过 E_i 中的每一条边 e 相连，$e = j(e)$，$k(e) \mid D(e)$，每一条边 e 由一个密度函数为 $c_{j(e),k(e) \mid D(e)}$ 的二元变量 Copula（Pair-Copula）表示。Bedford、Cooke（2002）指出 R-vine Copula 的密度函数为

$$c[F_1(x_1), F_2(x_2), \cdots, F_n(x_n)]$$

$$= \prod_{i=1}^{n} \prod_{e \in E_i} c_{j(e),k(e) \mid D(e)} [F(x_{j(e)} \mid x_{D(e)}), F(x_{k(e)} \mid x_{D(e)})] \quad (2-33)$$

其中 $x_{D(e)}$ 表示 $x = (x_1, x_2, \cdots, x_n)$ 中标记包含在 $D(e)$ 内的子向量。

R-vine 结构中常用的两种特殊形式为 C-vine（canonical vines）和 D-vine（Kurowicka 和 Cooke，2004）。对于 C-vine 结构模型，每棵树只有一个节点与 $n-i$ 条边相连。对于 D-vine 结构模型，每个节点至多与两条边相连。相对于 D-vine 来说，特别是构成 vine 结构的多元变量中存在着对其他变量具有显著影响的关键变量时，C-vine 结构在模拟多元变量之间的相依性时更有优势（Czado、Schepsmeier et al.，2011）。对于一个 n 维多元分布来说，可以通过 $n-1$ 棵树分解为 $n(n-1)/2$ 个 Pair-Copula 函数表示，然而 C-vine 的种类

---

① 由于分解多元变量时，存在多种 Vines 结构形式，因此 Vines Copula 的模型结构种类多种多样。本文中 Vines Copula 模型指 C-vine Copula 和 D-vine Copula 两种。

多达 $n!/2$ 种（Aas、Czado et al.，2009）。n 维 C - vine 结构的联合密度函数形式表示为

$$f(x) = \prod_{k=1}^{n} f_k(x_k) \cdot \prod_{i=1}^{n-1} \prod_{j=1}^{n-i} c_{i,i+j\,|\,1:(i-1)} \big[F(x_i \mid x_{1,\cdots,}x_{i-1}),$$
$$F(x_{i+j} \mid x_{1,\cdots,}x_{i-1}) \mid \theta_{i,i+j\,|\,1:(i-1)} \big] \qquad (2-34)$$

n 维 D - vine 结构的联合密度函数形式表示为

$$f(x) = \prod_{k=1}^{n} f_k(x_k) \times \prod_{i=1}^{n-1} \prod_{j=1}^{n-i} c_{j,j+i\,|\,(j+1):(j+i-1)} \big(F(x_j \mid x_{j+1,\cdots,}x_{j+i-1}),$$
$$F(x_{j+i} \mid x_{j+1,\cdots,}x_{j+i-1}) \mid \theta_{j,j+i\,|\,(j+1):(j+i-1)} \big) \qquad (2-35)$$

其中 f_k 表示边缘概率密度函数（$k=1$，2，$\cdots$，n），$c_{i,i+j\,|\,1:(i-1)}$ 表示具有参数集 $\theta_{i,i+j\,|\,1:(i-1)}$ 的二变量 Copula 函数的密度函数（$i_k: i_m$ 表示 i_k，$\cdots$，i_m），$c_{j,j+i\,|\,(j+1):(j+i-1)}$ 表示具有参数集 $\theta_{j,j+i\,|\,(j+1):(j+i-1)}$ 的二变量 Copula 函数的密度函数。

2.4

常用 Copula 函数的种类

Copula 函数有多种形式，金融分析中常用的 Copula 函数主要有四大类：椭圆 Copulas（Elliptic Copulas）、阿基米德 Copulas（Archimedean Copulas）、极值 Copulas（Extreme Value Copulas，EV Copulas）和 Archimax Copulas 类。

2.4.1　椭圆 Copulas

椭圆 Copula 函数是金融分析中常用的 Copula 函数中的基本模型。椭圆 Copula 函数来源于椭圆分布函数，具有椭圆分布函数的优良性质。常用的椭圆 Copula 函数包括正态 Copula（Normal Copula）函数、学生氏 t Copula 函数和正态混合 Copula（Normal Mixture Copula）函数。Schott（2002），Fang（2003）和 Frahm，Junker 等（2003）详细研究了椭圆分布和圆 Copula 函数的性质、参数估计、对称性检验以及在金融分析中的一些应用。

（1）正态 Copula（Normal Copula）函数

二元正态 Copula 函数的分布函数和密度函数为

$$C(u,v;\delta) = \int_{-\infty}^{\phi^{-1}(u)} dx \int_{-\infty}^{\phi^{-1}(v)} \frac{1}{2\pi\sqrt{1-\delta^2}} \exp\left[-\frac{(x^2+y^2-2\delta xy}{2(1-\delta^2)}dy\right]$$

$$= \phi_\delta(\phi^{-1}(u),\phi^{-1}(v)) \tag{2-36}$$

$$c(u,v;\delta) = \frac{1}{\sqrt{1-\delta^2}} \exp\left[-\frac{\phi^{-1}(u)^2+\phi^{-1}(v)^2-2\delta\phi^{-1}(u)\phi^{-1}(v)}{2(1-\delta^2)}\right]$$

$$\exp\left[-\frac{\phi^{-1}(u)^2\phi^{-1}(v)^2}{2}\right] \tag{2-37}$$

其中，$\phi^{-1}(\cdot)$ 是一元标准正态分布函数 $\phi(\cdot)$ 的逆函数，$\delta \in (-1,1)$ 为相关参数。ϕ_δ 为联合累积密度函数。对于二元正态 Copula 函数来说，Kendall 秩相关系数 τ 和 Spearman 相关系数 ρ_S 分别为

$$\tau = \frac{2}{\pi}\arcsin\delta \tag{2-38}$$

$$\rho_S = \frac{6}{\pi}\arcsin\delta \tag{2-39}$$

此外，除非是 δ 等于 1 时，正态 Copula 函数既不能捕捉到上尾相关，也不能捕捉到下尾相关。根据 Sklar 定理，当且仅当边缘分布为标准正态分布时，二元正态 Copula 函数为标准二元正态 Copula 函数。二元正态 Copula 函数在金融市场分析中有着重要的应用（RiskMetrics，1995）。但是二元正态 Copula 函数具有对称性，无法表述变量之间的非对称性相关关系。

（2）正态混合 Copula（Normal Mixture Copula）

设两组随机变量 (U_1, V_1) 和 (U_2, V_2) 相互独立，两组随机变量的联合分布分别由参数为 (U_2, V_2) 和 δ_2 的正态 Copula 函数表示，即

$$(U_1, V_1) \sim C_{\delta_1}$$

$$(U_2, V_2) \sim C_{\delta_2}$$

其中，C_{δ_i} 表示参数为 δ_i（$i = 1, 2$）的正态 Copula 函数。令随机变量 (X, Y) 等于 (U_1, V_1) 的概率为，等于 (U_2, V_2) 的概率为 $1-p$。由于 U_1、V_1、U_2 和 V_2 的边缘分布为均匀分布，所以随机变量 X 和 Y 的边缘分布也为均匀分布。那么随机变量 (X, Y) 的联合分布可以由正态混合 Copula 函数给出

$$C(u,v) = pC_{\delta_1}(u,v) + (1-p)C_{\delta_2}(u,v) \tag{2-40}$$

其中，$p \geqslant 0$，δ_1，$\delta_2 \leqslant 1$。

（3）学生氏 t Copula 函数

二元学生氏 t Copula 函数的分布函数和密度函数为

$$C(u,v;\delta,v) = \int_{-\infty}^{T_v^{-1}(u)} dx \int_{-\infty}^{T_v^{-1}(v)} \frac{1}{2\pi\sqrt{1-\delta^2}} \left[1 + \frac{(x^2+y^2-2\delta xy)}{v(1-\delta)^2}\right]^{-\frac{v+2}{2}} dy$$

$$(2-41)$$

$$c(u,v;\delta,v)$$

$$= \delta^{-\frac{1}{2}} \frac{\Gamma\left(\frac{v+2}{2}\right)\Gamma\left(\frac{v}{2}\right)}{\left[\Gamma\left(\frac{v+1}{2}\right)\right]^2} \frac{\left[1 + \frac{T^{-1}(u)^2 + T^{-1}(v)^2 - 2\delta T^{-1}(u)T^{-1}(v)}{v(1-\delta)^2}\right]^{-\frac{v+2}{2}}}{\prod_{i=1}^{2}\left[1 + \frac{T_i^{-1}(\cdot)^2}{v}\right]^{-\frac{v+2}{2}}}$$

$$(2-42)$$

其中，$\delta \in (-1,1)$ 为线性相关参数，$T_v^{-1}(\cdot)$ 是自由度为 v 的一元 t 分布函数 $T_v(\cdot)$ 的逆函数。二元学生氏 t Copula 函数与二元正态 Copula 函数相似，具有对称性，只能模拟变量之间对称的相关关系。但是二元学生氏 t Copula 函数与二元正态 Copula 函数相比，具有更厚的尾部，对变量之间尾部相关的变化更加敏感，因此也更加能够捕捉到金融变量之间的尾部相关。

2.4.2　极值（extreme value）Copulas

对于任意 t > 0 和任意的 $(u, v) \in I^2$，如果 Copula 函数 C 具有特性

$$C(u^t, v^t) = [C(u,v)]^t$$

则称 Copula 函数 C 为二元极值 Copula 函数。令 (X_1, Y_1)，(X_2, Y_2)，…，(X_n, Y_n) 为来自二元极值 Copula 函数 C 的独立同分布（iid）的成对随机变量，$M_n = \max(X_1, X_2, \cdots, X_n)$ 和 $N_n = \max(Y_1, Y_2, \cdots, Y_n)$。C 仍然为联系随机变量 (M_n, N_n) 的 Copula 函数，这一特性称之为极大稳定性（max-stability）。Joe（1997）指出极值 Copula 的形式可以表示为

$$C(u,v) = \exp\left[\ln(uv)A\left(\frac{\ln(u)}{\ln(uv)}\right)\right] \qquad (2-43)$$

其中 $A(\cdot):[0,1] \to \left[\frac{1}{2}, 1\right]$ 是一个凸函数，对于任意的 $t \in [0, 1]$ 满足条件 $\max(t, t-1) \leq A(t) \leq 1$。函数 $A(t)$ 称为相关函数（the dependence function）。

（1）Gumbel Copula。

Gumbel Copula 是最常见的一种极值 Copula 函数，其累积分布函数为

（Gumbel，1960）

$$C(u,v;\delta) = \exp\{-[(-\ln(u)^{\delta} + (-\ln(v)^{\delta}]^{\frac{1}{\delta}}\},\delta \geqslant 1 \quad (2-44)$$

Gumbel Copula 的相关函数 $A(t)$ 为

$$A(t) = (t^{\delta} + (1-t)^{\delta}]^{\frac{1}{\delta}} \quad (2-45)$$

随机变量 u，v 之间的相关程度通过参数 δ 控制，当 $\delta = 1$ 时，不存在相关性；当 $\delta = +\infty$ 时变量间存在完全相关关系。对于 Gumbel Copula 函数来说，Kendall 秩相关系数 τ 为

$$\tau = 1 - \delta^{-1} \quad (2-46)$$

此外，Gumbel Copula 函数具有明显的上尾相关性，因此，Gumbel Copula 函数常被用来描述金融市场之间的上尾相关关系。Gumbel Copula 函数的尾部相关系数为

$$\lambda_U = 2 - 2^{1/\delta} \quad (2-47)$$

$$\lambda_L = 0 \quad (2-48)$$

（2）Galambos Copula。

参数为 δ 的 Galambos Copula 函数（Galambos，1975）形式为

$$C(u,v;\delta) = uv\exp\{[(-\ln(u)^{-\delta} + (-\ln(v)^{-\delta}]^{-\frac{1}{\delta}}\},0 \leqslant \delta < \infty \quad (2-49)$$

Galambos Copula 的相关函数 $A(t)$ 为

$$A(t) = 1 - [t^{-\delta} + (1-t)^{-\delta}]^{-\frac{1}{\delta}} \quad (2-50)$$

（3）Hüsler 和 Reiss Copula。

参数为 δ 的 Hüsler 和 Reiss Copula 函数形式为（Hüsler 和 Reiss，1987）

$$C(u,v;\delta) = \exp\left\{-\tilde{u}\Phi\left[\frac{1}{\delta} + \frac{1}{2}\delta\ln\left(\frac{\tilde{u}}{\tilde{v}}\right)\right] - \tilde{v}\Phi\left[\frac{1}{\delta} + \frac{1}{2}\delta\ln\left(\frac{\tilde{u}}{\tilde{v}}\right)\right]\right\}$$

$$(2-51)$$

其中，$0 \leqslant \delta \leqslant \infty$，$\tilde{u} = -\ln u$，$\tilde{v} = -\ln v$，$\Phi$ 为标准正态分布的分布函数。Hüsler 和 Reiss Copula 的相关函数 $A(t)$ 为

$$A(t) = t\Phi\left[\frac{1}{\delta} + \frac{1}{2}\delta\ln\left(\frac{t}{1-t}\right)\right] + (1-t)\Phi\left[\frac{1}{\delta} - \frac{1}{2}\delta\ln\left(\frac{t}{1-t}\right)\right] \quad (2-52)$$

（4）Twan Copula。

Twan Copula 是对 Gumbel Copula 非对称扩展而形成的一种极值 Copula 函数（Twan，1988），其参数为 a、β 和 γ。Twan Copula 的相关函数 $A(t)$ 为

$$A(t) = 1 - \beta + (\beta - \alpha) + [\alpha^{\gamma} t^{\gamma} + \beta^{\gamma} (1-t)^{\gamma}]^{1/\gamma} \qquad (2-53)$$

其中，$\alpha \geqslant 0$，$\beta \geqslant 1$，并且 $1 \leqslant \gamma \leqslant \infty$。

（5）BB5 Copula。

Joe（1997）将 BB5 Copula 定义为 Gumbel Copula 函数的双变量扩展形式。BB5 Copula 函数的形式为

$$C(u,v;\theta,\delta) = \exp\left\{ -\left[\tilde{u}^{\theta} + \tilde{v}^{\theta} - (\tilde{u}^{-\theta\delta} + \tilde{v}^{-\theta\delta})^{-\frac{1}{\delta}} \right]^{\frac{1}{\theta}} \right\} \qquad (2-54)$$

其中 $\delta > 0$，$\theta \geqslant 1$，$\tilde{u} = -\ln u$，$\tilde{v} = -\ln v$，BB5 Copula 的相关函数 $A(t)$ 为

$$A(t) = \left\{ t^{\theta} + (1+t)^{\theta} - \left[t^{-\theta\delta} + (1-t)^{-\theta\delta} \right]^{-\frac{1}{\delta}} \right\}^{\frac{1}{\theta}} \qquad (2-55)$$

2.4.3　阿基米德（Archimedean）Copulas

阿基米德 Copula 是非常重要的一类 Copula 函数。由于阿基米德 Copula 构造方式比较简易，并且有许多良好的性质，所以阿基米德 Copula 在许多领域都有广泛的应用。遵循 Nelsen（1999）给出的阿基米德 Copula 的定义。

定义 2 - 13（Archimedean Copula）：设阿基米德 Cobula 的生成函数（generator）$\varphi : [0,1] \rightarrow [0,\infty]$ 是一个连续的严格单调递减凸函数，并且满足 $\varphi(1) = 0$。则 φ 的伪逆函数（pseudo - inverse）φ^{-} 为

$$\varphi^{-}(t) = \begin{cases} \varphi^{-}(t) & 0 \leqslant t \leqslant \varphi(0) \\ 0 & \varphi(0) \leqslant t \leqslant \infty \end{cases} \qquad (2-56)$$

由 φ 生成的阿基米德 Copula 函数形式为

$$C(u,v) = \varphi^{-}[\varphi(u) + \varphi(v)] \qquad (2-57)$$

由定义可知每个 Archimedean Copula 都有一个独特的生成函数，按照生成函数 φ 形式的不同，Archimedean Copula 函数又分为不同的种类。

（1）Frank Copula。

Frank Copula 函数的分布函数形式为（Frank 1979）

$$C(u,v;\delta) = -\delta\ln\{ [\eta - (1 - e^{-\delta u})(1 - e^{-\delta v})]/\eta \} \qquad (2-58)$$

其中 $0 < \delta < \infty$，$\eta = 1 - e^{-\delta}$。Frank Copula 函数的生成函数为

$$\varphi(t) = -\ln\left(\frac{e^{-\delta t} - 1}{e^{-\delta} - 1} \right) \qquad (2-59)$$

Frank Copula 函数是 Archimedean Copula 族中一种常用的对称 Copula 函数，

在金融分析领域常常被用来描述具有对称结构的金融变量之间的相关关系。Frank Copula 函数无法捕捉到随机变量之间非对称的相关关系，也无法捕捉到随机变量间的尾部相关关系，它的上尾相关系数和下尾相关系数均等于零。

（2）Clayton Copula。

Clayton Copula 函数也称为 Kimeldorf – Sampson Copula（Kimeldorf & Sampson，1975；Clayton，1978）。Clayton Copula 函数的分布函数形式为

$$C(u,v;\delta) = (u^{-\delta} + v^{-\delta} - 1)^{-\frac{1}{\delta}} \qquad (2-60)$$

其中 $0 < \delta < \infty$。Clayton Copula 函数的生成函数为

$$\varphi(t) = t^{-\delta} - 1 \qquad (2-61)$$

Clayton Copula 函数具有明显的下尾相关性，因此，在金融分析领域常常被用来描述随机变量之间的下尾风险。Clayton Copula 函数的 Kendall 秩相关系数和下尾相关系数分别为

$$\tau = \frac{\delta}{\delta + 2} \qquad (2-62)$$

$$\lambda_L = 2^{-1/\delta} \qquad (2-63)$$

（3）Joe Copula。

Joe（1993）给出了 Joe Copula 函数的分布函数形式为

$$C(u,v;\delta) = 1 - \left[(1-u)^{\delta} + (1-v)^{\delta} - (1-u)^{\delta}(1-v)^{\delta}\right]^{\frac{1}{\delta}} \qquad (2-64)$$

其中，$\delta \geq 1$。Joe Copula 函数的生成函数为

$$\varphi(t) = -\ln\left[1 - (1-t)^{\delta}\right] \qquad (2-65)$$

（4）BB1 Copula。

BB1 Copula 函数（Joe，1997）的分布函数形式为

$$C(u,v;\delta,\theta) = \left(1 + \left[(u^{-\theta} - 1)^{\delta} + (v^{-\theta} - 1)^{\delta}\right]\right)^{-\frac{1}{\theta}} \qquad (2-66)$$

其中，$\theta > 0$，$\delta \geq 1$。BB1 Copula 函数的生成函数为

$$\varphi(t) = (t^{-\theta} - 1)^{\delta} \qquad (2-67)$$

（5）BB2 Copula。

BB2 Copula 函数（Joe，1997）的分布函数形式为

$$C(u,v;\delta,\theta) = \left[1 + \delta^{-1}\ln(e^{-\delta u^{-\theta}} + e^{-\delta v^{-\theta}} - 1)\right]^{\frac{1}{\theta}} \qquad (2-68)$$

其中，$\theta > 0$，$\delta > 0$。BB2 Copula 函数的生成函数为

$$\varphi(t) = e^{(t^{-\theta} - 1)} - 1 \qquad (2-69)$$

（6）BB3 Copula。

BB3 Copula 函数（Joe，1997）的分布函数形式为

$$C(u,v;\delta,\theta) = \exp\{ -[\delta^{-1}\ln(e^{\delta\tilde{u}^{\theta}} + e^{\delta\tilde{v}^{\theta}} - 1)]^{1/\theta}\} \qquad (2-70)$$

其中，$\theta > 1$，$\delta > 0$，$\tilde{u} = -\ln u$，$\tilde{v} = -\ln v$。BB3 Copula 函数的生成函数为

$$\varphi(t) = \exp\{\delta(-\ln t)^{\theta}\} - 1 \qquad (2-71)$$

（7）BB6 Copula。

BB6 Copula 函数（Joe，1997）的分布函数形式为

$$C(u,v;\delta,\theta) = 1 - (1 - \exp\{ -[(-\ln(1-(1-u)^{\theta}))^{\delta}$$
$$+ (-\ln(1-(1-v)^{\theta}))^{\delta}]^{1/\delta}\})^{1/\theta} \qquad (2-72)$$

其中，$\theta \geqslant 1$，$\delta > 0$。BB6 Copula 函数的生成函数为

$$\varphi(t) = [-\ln(1-(1-t)^{\theta})]^{\delta} \qquad (2-73)$$

（8）BB7 Copula。

BB7 Copula 函数（Joe，1997）的分布函数形式为

$$C(u,v;\delta,\theta) = 1 - (1 - [(1-(1-u)^{\theta})^{-\delta} + (1-(1-v)^{\theta})^{-\delta} - 1]^{-1/\delta})^{1/\theta} \qquad (2-74)$$

其中，$\theta \geqslant 1$，$\delta > 0$。BB7 Copula 函数的生成函数为

$$\varphi(t) = (1-(1-t)^{\theta})^{-\delta} - 1 \qquad (2-75)$$

（9）BB8 Copula。

BB8 Copula 函数（Joe，1997）的分布函数形式为

$$C(u,v;\delta,\theta) = \frac{1}{\delta}(1 - [1 - \{1 - (1-\delta)^{\theta}\}^{-1}$$
$$\{1-(1-\delta u)^{\theta}\}\{1-(1-\delta v)^{\theta}\}]^{\frac{1}{\theta}} \qquad (2-76)$$

其中，$1 \leqslant \theta < \infty$，$0 \leqslant \delta \leqslant 1$。

2.4.4　Archimax Copulas

Capéraà，Fourgères 和 Genest（2000）将极值 Copula 和阿基米德 Copula 联合形成了一种特殊的 Copula 函数称为 Archimax Copula 类。Archimax Copula 类的分布函数形式为

$$C(u,v) = \phi^{-1}\left[(\phi(u)+\phi(v))A\left(\frac{\phi(u)}{\phi(u)+\phi(v)}\right)\right] \qquad (2-77)$$

其中，函数 $A(t)$ 为有效的极值 Copula 中的相关函数（the dependence function），φ 为有效的阿基米德 Copula 的生成函数（generator）。特别，当 $A(t) = 1$，Archimax Copulas 变为阿基米德 Copulas；当 $\varphi(t) = -\ln(t)$ 时，阿基米德 Copulas 变为极值 Copulas。

BB4 Copula 是最常用的 Archimax Copulas 类函数，其分布函数表达式为

$$C(u,v;\delta,\theta) = u^{-\theta} + v^{-\theta} - 1 - \left\{ \left[(u^{-\theta} - 1)^{-\delta} + (v^{-\theta} - 1)^{-\delta} \right]^{-\frac{1}{\delta}} \right\}^{-\frac{1}{\theta}}$$

$$(2-78)$$

其中，$\theta \geq 0$，$\delta > 0$。BB4 Copula 函数的相关函数和生成函数为

$$\varphi(t) = t^{-\theta} - 1 \qquad (2-79)$$

$$A(t) = 1 - (t^{-\delta} + (1-t)^{-\delta})^{-\frac{1}{\delta}} \qquad (2-80)$$

2.5
随机变量的相关性测度

金融市场分析中准确描述与预测变量之间的相关性是构建投资组合、资产定价和风险管理前提。线性相关系数在金融分析中是最常用的相关性指标。在金融多元变量的联合分布服从多元正态分布的假设条件下，线性相关系数确保了现代金融分析中常用的著名的资本资产定价定理（CAPM）和无套利定价定理（APT）理论上的正确性。然而在现实世界中，多元金融资产收益率的联合分布通常具有尖峰、厚尾、非对称性等统计特征，往往并不服从多元正态分布。因此，在金融建模中为了提高模型的精确性与可信度，非线性相依指标逐步受到重视并得到广泛的应用。

基于 Copula 函数的相关性测度反映了随机变量在严格的单调增变换下的相关性，因此较之于 Pearson 线性相关具有更加广泛的应用范围。

定理（Nelson，2006）：对随机变量 x_1，x_2，$\cdots$，x_N 做严格的单调增变换，相应的 Copula 函数不变，即若 $\dfrac{\partial h_n(x_n)}{\partial x_n} > 0$，$n = 1$，$2$，$\cdots$，$N$，则

$$C_{x_1,x_2,\cdots,x_N} = C_{h_1(x_1),h_2(x_2),\cdots,h_N(x_N)} \qquad (2-81)$$

其中，$h_n(x_n)$ 是随机变量 x_n 的函数；$C_{x_1,x_2,\cdots,x_N}$ 表示连接 x_1，x_2，$\cdots$，x_N 的 Copula 函数；$C_{h_1(x_1),h_2(x_2),\cdots,h_N(x_N)}$ 表示连接 $h_1(x_1),h_2(x_2),\cdots,h_N(x_N)$ 的 Copula 函数。

有多种方法度量随机变量之间的相关性，常用的有 Pearson 线性相关系数 ρ、Kendall 秩相关系数 τ，Spearman 秩相关系数 ρ_S 和尾部相关系数 λ。

2.5.1　Pearson 线性相关系数

定义 2–14： 设随机变量 X 和 Y 的数学期望 E(X)，E(Y) 和方差 $\mathrm{var}(X) > 0$、$\mathrm{var}(Y) > 0$ 均存在，则随机变量 X 与 Y 的线性相关系数 ρ 为

$$\rho = \frac{\mathrm{cov}(X, Y)}{\sqrt{\mathrm{var}(X)}\,\sqrt{\mathrm{var}(Y)}} = \frac{E(XY) - E(X)E(Y)}{\sqrt{\mathrm{var}(X)}\,\sqrt{\mathrm{var}(Y)}} \quad (2-82)$$

设 (X_i, Y_i) $(i = 1, 2, \cdots, n)$ 为取自总体 (X, Y) 的样本，则样本的 Pearson 线性相关系数 ρ 为

$$\hat{\rho} = \frac{\sum_{i=1}^{n} (X_i - \overline{X})(Y_i - \overline{Y})}{\sqrt{\sum_{i=1}^{n} (X_i - \overline{X})^2}\,\sqrt{\sum_{i=1}^{n} (Y_i - \overline{Y})^2}} \quad (2-83)$$

其中，$\overline{X} = \frac{1}{n} \sum_{i=1}^{n} X_i, \overline{Y} = \frac{1}{n} \sum_{i=1}^{n} Y_i$。

Pearson 线性相关系数 ρ 只是反映了设随机变量 X 和 Y 之间的线性相关性。当 $\rho = 0$ 时，表示随机变量 X 和 Y 之间不存在相关性；$|\rho|$ 的值越接近于 1，表示随机变量 X 和 Y 之间的线性相关性越强。若对随机变量 X 和 Y 同时进行相同的单调线性变换，则随机变量 X 和 Y 的 Pearson 线性相关系数保持不变；但是若对随机变量 X 和 Y 同时进行单调的非线性变换，则随机变量 X 和 Y 的 Pearson 线性相关系数将会改变。也就是说，在随机变量的单调变换下，Pearson 线性相关系数不具有不变性。

变量间的相关性分析是金融分析中一个非常重要的概念。但是随机变量 X 和 Y 之间不仅存在线性相关关系，还有可能存在某种非线性相关关系。基于 Pearson 线性相关系数 ρ 并不能很好地度量金融变量间的各种相关性，因此需要一些其他不同的相关性度量的概念和方法。

2.5.2　Kendall 秩相关系数 τ

Kendall 秩相关系数 τ 是基于一致性的相关性测度，Hollander 和 Wolfe

(1973)、Lehmann（1975）给出了其定义。设（x_1，y_1）和（x_2，y_2）是二维随机向量（X，Y）的两个独立的观测值，如果（$x_1 - x_2$）（$y_1 - y_2$）> 0，则称（x_1，y_1）和（x_2，y_2）是和谐的（concordant）；如果（$x_1 - x_2$）（$y_1 - y_2$）< 0，则称（x_1，y_1）和（x_2，y_2）是不和谐的（disconcordant）。令（x_1，y_1）和（x_2，y_2）为相互独立且与二维随机向量（X，Y）同分布的二维随机向量，用 $P[（x_1 - x_2）（y_1 - y_2）> 0]$ 表示（x_1，y_1）和（x_2，y_2）之间和谐的概率，$P[（x_1 - x_2）（y_1 - y_2）< 0]$ 表示（x_1，y_1）和（x_2，y_2）之间不和谐的概率，那么这两个概率之差称为随机变量 X 和 Y 的 Kendall 秩相关系数 τ，

$$\tau = P[（x_1 - x_2）（y_1 - y_2）> 0] - P[（x_1 - x_2）（y_1 - y_2）< 0] \qquad (2-84)$$

设（X_i，Y_i）（$i = 1，2，\cdots，n$）为取自总体（X，Y）的样本，c 为样本中和谐的观测对数，d 为样本中不和谐的观测对数，则样本的 Kendall 秩相关系数 τ 为

$$\hat{\tau} = \frac{c - d}{c + d} = \frac{c - d}{C_n^2} \qquad (2-85)$$

如果随机变量 X，Y 的边缘分布分别为 $F(x)$，$G(y)$，相应的 Copula 函数为 $C(u,v)$，其中 $u = F(x)$，$v = G(y)$，$u \in [0，1]$，$v \in [0，1]$，则 Kendall 秩相关系数 τ 可由相应的 Copula 函数 $C(u，v)$ 给出：

$$\tau = 4 \int_0^1 \int_0^1 C(u,v) dC(u,v) - 1 \qquad (2-86)$$

2.5.3 Spearman 秩相关系数 ρ_S

Spearmans 秩相关系数 ρ_S 是另外一类基于一致性的相关性测度，Lehmann（1966）给出了 Spearmans 秩相关系数 ρ_S 的定义。设（x_1，y_1）、（x_2，y_2）和（x_3，y_3）是二维随机向量（X，Y）的三个独立的观测值，（x_1，y_1）和（x_2，y_3）之间和谐与不和谐的概率之差的倍数称为这两个概率随机变量 X 和 Y 的 Spearmans 秩相关系数 ρ_S。

设（x_1，y_1）、（x_2，y_2）和（x_3，y_3）是相互独立且与二维随机向量（X，Y）同分布的二维随机向量，随机变量 X 和 Y 的 Spearmans 秩相关系数 ρ_S 定义为

$$\rho = 3\{P[（x_1 - x_2）（y_1 - y_3）> 0] - P[（x_1 - x_2）（y_1 - y_3）< 0]\}$$

设 (X_i, Y_i) $(i=1, 2, \cdots, n)$ 为取自总体 (X, Y) 的样本，以 R_i^x 表示 X_i 在 $(X_1, X_2, \cdots, X_n)$ 中的秩，R_i^y 表示 Y_i 在 $(Y_1, Y_2, \cdots, Y_n)$ 中的秩，则样本的 Spearmans 秩相关系数为

$$\hat{\rho}_S = \frac{\sum_{i=1}^{n} (R_i^x - \overline{R}^x)(R_i^y - \overline{R}^y)}{\sqrt{\sum_{i=1}^{n} (R_i^x - \overline{R}^x)^2}\sqrt{\sum_{i=1}^{n} (R_i^y - \overline{R}^y)^2}} \qquad (2-87)$$

其中，$\overline{R}^x = \frac{1}{n}\sum_{i=1}^{n} R_i^x$，$\overline{R}^y = \frac{1}{n}\sum_{i=1}^{n} R_i^y$。

由于 $\sum_{i=1}^{n} R_i^x = \sum_{i=1}^{n} R_i^y = \frac{n(n+1)}{2}$，$\sum_{i=1}^{n} (R_i^x)^2 = \sum_{i=1}^{n} (R_i^y)^2 = \frac{n(n+1)(2n+1)}{6}$，样本的 Spearmans 秩相关系数简化为

$$\hat{\rho}_S = 1 - \frac{6}{n(n^2-1)}\sum_{i=1}^{n} (R_i^x - R_i^y)^2 \qquad (2-88)$$

如果随机变量 X, Y 的边缘分布分别为 $F(x)$, $G(y)$，相应的 Copula 函数为 $C(u,v)$，其中 $u=F(x)$, $v=G(y)$, $u\in[0,1]$, $v\in[0,1]$，则 Spearmans 秩相关系数 ρ 可由相应的 Copula 函数 $C(u,v)$ 给出：

$$\rho = 12\int_0^1\int_0^1 C(u,v)dC(u,v) - 3 \qquad (2-89)$$

2.5.4　尾部相关系数 λ

Juri 和 Wüthrich（2002）提出了尾部事件的 Copula 收敛理论，用 Copula 函数描述变量间的尾部相关结构。

由于条件概率 $P[(X>x\,|\,Y>y)]$ 反映了当 $Y>y$ 时，$X>x$ 的概率，因此可以用来讨论金融市场之间的相关性。令随机变量 X, Y 的边缘分布分别为 $F(x)$, $G(y)$，相应的 Copula 函数为 $C(u,v)$，其中 $u=F(x)$, $v=G(y)$, $u\in[0,1]$, $v\in[0,1]$，

$$P[(X>x\,|\,Y>y)] = P[(U>u\,|\,V>v)]$$

由于当 x, $y\to\infty$ 时，u, $v\to1$，因此可以通过分析 u, $v\to1$ 时的条件概率 $P[(U>u\,|\,V>v)]$ 讨论随机变量 X, Y 之间的尾部相关性。随机变量 X, Y 之间的尾部相关性分别通过上尾相关系数 $\lambda_u(X, Y)$ 和下尾相关系数 $\lambda_l(X,$

Y）度量

$$\lambda_u(X,Y) = \lim_{q \to 1} P\left[Y > VaR_q(Y) \mid X > VaR_q(X)\right] \qquad (2-90)$$

$$\lambda_l(X,Y) = \lim_{q \to 0} P\left[Y \leqslant VaR_q(Y) \mid X \leqslant VaR_q(X)\right] \qquad (2-91)$$

$VaR_q(X)$ 和 $VaR_q(Y)$ 分别表示在显著性水平 q 下，随机变量 X 和 Y 的在险价值 VaR。Joe（1997）给出了其度量方法：

$$\lambda_u(X,Y) = \lim_{q \to 1} \frac{1 - 2q + C(q,q)}{1 - q} \qquad (2-92)$$

$$\lambda_l(X,Y) = \lim_{q \to 0} \frac{C(q,q)}{q} \qquad (2-93)$$

2.6

本章小结

本章是本书的理论基础部分，主要介绍了 Copula 函数的定义、基本性质和特点及相关定理，以及条件分布、条件 Copula 的概念和条件 Copula 函数的概念和相关定理。在条件 Copula 理论基础上，介绍条件概率密度的 Pair – Copula 分解和多元联合分布的 Vines Copula 分解的相关理论。书中给出了常用的 Copula 函数的表达式，包括椭圆 Copulas、极值（extreme value）Copulas、阿基米德（Archimedean）Copulas 和 Archimax Copulas。最后对描述金融时间序列常用的相关性度量指标进行分析，主要介绍了 Pearson 线性相关系数、Kendall 秩相关系数、Spearman 秩相关系数和尾部相关系数。

第 3 章

Vines Copula 模型结构与参数估计

随着对 Copula 相关理论和应用研究的深入，学者们发现，虽然二元 Copula 模型在描述两个资产收益之间的相关性时表现出很大的弹性，但是在描述多个资产收益之间的相关性时，多元 Copula 模型显示出明显的局限性。多元正态 Copula 无法模拟资产收益之间的尾部相关性；多元 t – Copula 仅能够模拟资产收益尾部之间对称的相关性；而利用某个 Archimedean Copula 函数模拟多个资产收益之间的相关性时，仅使用一个或两个变量无法准确描述资产收益之间的尾部相关性。

Pair – Copula 理论的提出，给利用 Copula 函数描述多元概率分布带来了突破。通过 Pair – Copula 对多元分布进行分解理论与图形建模工具 Vine 相结合，解决了利用一个多元 Copula 函数对多个资产收益相关性建模中存在的问题。然而 Vines Copula 对多元概率分布的形式和种类有多种，书中 Vines Copula 模型指 R – vine Copula 模型中的 C – vine Copula 模型和 D – vine Copula 模型。当 Vines Copula 模型变量退化为二元变量时，Vines Copula 模型将退化为二元 Copula 模型，因此可以把二元变量 Copula 模型看作是 Vines Copula 模型的特殊形式。

本章首先介绍 Copula 模型的构建步骤；再利用 Copula 函数建模时，无论是二元 Copula 模型还是 Vines Copula 模型，都涉及模型中具体 Copula 函数的选择问题，因此本章第二节介绍 Pair Copula 函数的选择方法和依据；在对多元变量建立 Vines Copula 模型时，由于 Pair – Copula 对多元分布的分解形式有多种，因此本章第三节介绍 Vines Copula 模型结构；虽然可以把二元变量 Copula 模型看作是 Vines Copula 模型的特殊形式，但是对二元 Copula 模型的估计方法要比 Vines Copula 模型的估计方法简单。而二元 Copula 模型和多元 Copula 模型的估计方法原理上是相同，因此本章第三节介绍一般 Copula 模型的估计方法，第四节研究 Vines Copula 模型的估计。

3. 1

Vines Copula 模型的构建步骤

Copula 函数不但能够描述变量之间的相关程度，还能够描述变量间的相依结构。由于 Copula 模型能够更强的刻画现实金融序列分布的模型，因此 Copula 模型在金融分析领域得到大量的应用。根据 Copula 函数的相关理论，随机变量之间的联合分布密度函数可以分解为随机变量的边缘分布密度函数和 Copula 密度函数表示。Vines Copula 模型实际上是由随机变量的边缘分布模型和 Pair – Copula 对多元分布的分解部分模型联合构成的。因此可以分步构建 Vines Copula 模型。

步骤一：确定多元随机变量 Vines Copula 模型中的边缘分布模型

根据金融时间序列的特点，有多种模型可以作为 Vines Copula 模型中的边缘分布模型的选择，诸如 ARMA – GARCH 模型、VAR – MGARCH 模型、基于极值理论的 POT 模型和基于金融时间序列数据的经验分布函数等。本书第四章将集中研究 Vines Copula 模型中的边缘分布模型。

步骤二：确定 Vines Copula 模型中的 Vine 类型

由于再利用 Pair – Copula 函数对多元联合密度函数分解时，存在多种结构形式，因此 Vines Copula 模型也分为多种类型。本书 Vines Copula 模型指 R – vine Copula 模型中的 C – vine Copula 模型和 D – vine Copula 模型。如果变量间不存在明显的相关关系，则 D – vine Copula 模型是理想的选择，否则则使用 C – vine Copula 模型。

步骤三：确定 Vines Copula 模型中的每个 Pair – Copula 函数

Sklar 在 1959 年提出 Copula 理论之后，随着对 Copula 函数应用研究的深入，特别是自从 Embrechts，Mcneil 和 Straumann（2002）将 Copula 理论引入金融研究领域以来，学者们创建了多个种类、多种形式的 Copula 函数。选择合适的 Copula 函数形式，作为 Vines Copula 模型中准确描述二元变量之间相关关系的 Pair – Copula 函数，对于 Vines Copula 模型的准确建立至关重要。

Copula 函数有许多种类，本书主要从常用的椭圆 Copula 函数族、阿基米德 Copula 函数族及其旋转后形成的 Copula 函数中选择具体的 Pair – Copula 形式。椭圆形 Copula 函数族包括正态 Copula 和学生 t Copula。阿基米德 Copula 函数族包括：Clayton，Gumbel，Frank 和 Joe 四种单变量 Copula 函数；Clayton – Gumbel，Joe – Gumbel，Joe – Clayton 和 Joe – Frank 四种双变量 Copula 函数，

Joe（1997）分别称之为 BB1、BB6、BB7 和 BB8。对 Clayton，Gumbel，Joe，BB1、BB6、BB7 和 BB8 等 7 种 Copula 函数 C 旋转 180 度、270 度和 90 度，形成各自对应的新的 Copula 函数形式 C_{180}，C_{270} 和 C_{90}。C_{180} 函数称之为生存 Copula 函数，C_{270} 和 C_{90} 函数能够模拟变量之间的负相关情景（Brechmann，Schepsmeier，2011）。旋转后的分布函数形式为

$$C_{90}(u_1,u_2) = u_2 - C(1-u_1,u_2)$$
$$C_{180}(u_1,u_2) = u_1 + u_2 - 1 + C(1-u_1,1-u_2) \qquad (3-1)$$
$$C_{270}(u_1,u_2) = u_1 - C(u_1,1-u_2)$$

步骤四：确定 Vines Copula 模型的估计方法

现代统计技术和信息技术的发展，对估计复杂的 Vines Copula 模型提供了技术支持。合理的模型估计方法能够提高 Vines Copula 模型对实际金融变量的模拟精度。

3. 2
Vines Copula 模型结构的确定

由于利用 Pair Copula 对多元分布密度函数进行分解时有多种分解方式，因而形成多种形式的 Vines Copula 模型结构。即便是对于 R – vine 结构中常用的 D – vine 和 C – vine 结构来说，在多元变量模型中也都存在多种不同的结构形式，因此正确选择 Vines 种类（D – vine 或者 C – vine）结构形式，从 D – vine 或者 C – vine Copula 众多结构中合理限定模型结构是建立 Vines Copula 模型的关键。

3. 2. 1　Vines Copula 模型结构

无论是对于 D – vine Copula 模型，还是对于 C – vine Copula 模型来说，随着模型中变量数目的增加，模型结构越来越趋于复杂。

（1）二元变量模型。

当模型中只有 2 个变量时，可将二元 Copula 模型看作是 Vine Copula 模型的退化形式

$$f(x_1,x_2) = f(x_1) \cdot f(x_2) \cdot c_{12}[F(x_1),F(x_2)] \qquad (3-2)$$

（2）3 变量模型。

当模型中有 3 个变量时，D – vine 和 C – vine Copula 模型的一般结构表示为

$$f(x_1,x_2,x_3) = f(x_1) \cdot f(x_2) \cdot f(x_3) \cdot c_{12}[F(x_1),F(x_2)]$$
$$\cdot c_{23}(F(x_2),F(x_3)) \cdot c_{13|2}[F(x_1|x_2),F(x_3|x_2)] \quad (3-3)$$

在（3.3.1）中，变量 x_1、x_2 和 x_3 共有 6 种随机组合方式，但是只有 3 种不同的分解结果，并且这 3 种分解结构既是 D – vine Copula 又是 C – vine Copula。

（3）4 变量模型。

当模型中的变量个数大于 3 时，D – vine Copula 和 C – vine Copula 模型就不再有相同的结构了。当模型中有 4 个变量时，共有 24 种 Pair Copula 种分解方式，其中 C – vine Copula 和 D – vine Copula 各有 12 种。

4 变量 C – vine Copula 模型的一般结构为

$$f(x_1,x_2,x_3,x_4) = f(x_1) \cdot f(x_2) \cdot f(x_3) \cdot f(x_4) \cdot c_{12}[F(x_1),F(x_2)]$$
$$\cdot c_{13}[F(x_1),F(x_3)] \cdot c_{14}[F(x_1),F(x_4)]$$
$$\cdot c_{23|1}[F(x_2|x_1),F(x_3|x_1)] \cdot c_{24|1}[F(x_2|x_1),F(x_4|x_1)]$$
$$\cdot c_{34|12}[F(x_3|x_1,x_2),F(x_4|x_2,x_3)] \quad (3-4)$$

4 变量 D – vine Copula 模型的一般结构为

$$f(x_1,x_2,x_3,x_4) = f(x_1) \cdot f(x_2) \cdot f(x_3) \cdot f(x_4) \cdot c_{12}[F(x_1),F(x_2)]$$
$$\cdot c_{23}[F(x_2),F(x_3)] \cdot c_{34}[F(x_3),F(x_4)]$$
$$\cdot c_{13|2}[F(x_1|x_2),F(x_3|x_2)] \cdot c_{24|3}[F(x_2|x_3),F(x_4|x_3)]$$
$$\cdot c_{14|23}[F(x_1|x_2,x_3),F(x_4|x_2,x_3)] \quad (3-5)$$

（4）5 变量模型。

5 变量 C – vine Copula 模型的一般结构为

$$f(x_1,x_2,x_3,x_4,x_5) = f(x_1) \cdot f(x_2) \cdot f(x_3) \cdot f(x_4) \cdot f(x_5)$$
$$\cdot c_{12}[F(x_1),F(x_2)] \cdot c_{13}[F(x_1),F(x_3)]$$
$$\cdot c_{14}[F(x_1),F(x_4)] \cdot c_{15}[F(x_1),F(x_5)]$$
$$\cdot c_{23|1}[F(x_2|x_1),F(x_3|x_1)]$$
$$\cdot c_{24|1}[F(x_2|x_1),F(x_4|x_1)]$$
$$\cdot c_{25|1}[F(x_2|x_1),F(x_5|x_1)]$$
$$\cdot c_{34|12}[F(x_3|x_1,x_2),F(x_4|x_2,x_3)]$$
$$\cdot c_{35|12}[F(x_3|x_1,x_2),F(x_5|x_2,x_3)]$$

$$\cdot c_{45\mid123}\left[F(x_4\mid x_1,x_2,x_3),F(x_4\mid x_1,x_2,x_3)\right] \quad (3-6)$$

5 变量 D – vine Copula 模型的一般结构为

$$
\begin{aligned}
f(x_1,x_2,x_3,x_4,x_5)=&f(x_1)\cdot f(x_2)\cdot f(x_3)\cdot f(x_4)\cdot f(x_5)\\
&\cdot c_{12}\left[F(x_1),F(x_2)\right]\cdot c_{23}\left[F(x_2),F(x_3)\right]\\
&\cdot c_{34}\left[F(x_3),F(x_4)\right]\cdot c_{45}\left[F(x_4),F(x_5)\right]\\
&\cdot c_{13\mid2}\left[F(x_1\mid x_2),F(x_3\mid x_2)\right]\\
&\cdot c_{24\mid3}\left[F(x_2\mid x_3),F(x_4\mid x_3)\right]\\
&\cdot c_{35\mid4}\left[F(x_3\mid x_4),F(x_5\mid x_4)\right]\\
&\cdot c_{14\mid23}\left[F(x_1\mid x_2,x_3),F(x_4\mid x_2,x_3)\right]\\
&\cdot c_{25\mid34}\left[F(x_2\mid x_3,x_4),F(x_5\mid x_3,x_4)\right]\\
&\cdot c_{15\mid234}\left[F(x_1\mid x_2,x_3,x_4),F(x_5\mid x_2,x_3,x_4)\right] \quad (3-7)
\end{aligned}
$$

总体来说，当模型中有 5 个随机变量时，分别有 60 种不同的 C – vine Copula 和 D – vine Copula 结构模型。但是，对于 5 个变量的模型来说，除 120 种 C – vine 和 D – vine Copula 结构以外，还存在 120 种其他的 Vine Copula 分解方式。其中一个例子为

$$
\begin{aligned}
f(x_1,x_2,x_3,x_4,x_5)=&f(x_1)\cdot f(x_2)\cdot f(x_3)\cdot f(x_4)\cdot f(x_5)\\
&\cdot c_{12}\left[F(x_1),F(x_2)\right]\cdot c_{23}\left[F(x_2),F(x_3)\right]\\
&\cdot c_{34}\left[F(x_3),F(x_4)\right]\cdot c_{35}\left[F(x_3),F(x_5)\right]\\
&\cdot c_{13\mid2}\left[F(x_1\mid x_2),F(x_3\mid x_2)\right]\\
&\cdot c_{24\mid3}\left[F(x_2\mid x_3),F(x_4\mid x_3)\right]\\
&\cdot c_{45\mid3}\left[F(x_4\mid x_3),F(x_5\mid x_3)\right]\\
&\cdot c_{14\mid23}\left[F(x_1\mid x_2,x_3),F(x_4\mid x_2,x_3)\right]\\
&\cdot c_{25\mid34}\left[F(x_2\mid x_3,x_4),F(x_5\mid x_3,x_4)\right]\\
&\cdot c_{15\mid234}\left[F(x_1\mid x_2,x_3,x_4),F(x_5\mid x_2,x_3,x_4)\right] \quad (3-8)
\end{aligned}
$$

3.2.2　Vines Copula 模型类别的选择与构建

对于一个 n 维多元分布来说，可以通过 n – 1 棵树分解为 n(n – 1)/2 个 Pair – Copula 函数表示，然而 C – vine 或者 D – vine 的种类多达 n!/2 种（Aas、Czado et al.，2009）。

在建立 Vines Copula 模型时，其中重要的一步就是选择适合研究变量的

Vine 结构种类，即选择 C – vine 或者 D – vine 结构。现有的文献研究表明，当某个变量与其他变量之间不存在明显的相关关系时，适合于选择 D – vine Copula 模型。

相对于 D – vine Copula 来说，特别是构成 Vine 结构的多元变量中存在着对其他变量具有显著影响的关键变量时，C – vine Copula 结构在模拟多元变量之间的相依性时更有优势（Czado, Schepsmeier et al., 2011）。C 藤模型的结构取决于树 T_i 根节点（root note）的选择，根节点的选择应反映变量之间最强的相依性（Aas, Czado et al., 2009；Brechmann, Czado et al., 2010；Dißmann, Brechmann, 2011）。Czado, Schepsmeier 等（2011）提出了一种基于数据依次确定具有 n 维变量的 C 藤根节点的方法。

假设每个变量序列具有 M 个数据，利用已知 n × M 数据估计变量之间的 Kendall 秩相关系数 $\hat{\tau}_{i,j}$，令 $\hat{\tau}_{i,i} = 1$，$i = 1, 2, \cdots, n$。确定变量 i^*，使得 $\hat{S}_i$ 取最大值

$$\hat{S}_i = \sum_{j=1}^{n} \mid \tau_{i,j} \mid \qquad (3-9)$$

为表述方便，将变量重新排序，使得重新排序后第一个变量为 i^*。以第一个变量为 i^* 为根节点的树 T_1，每条边利用一个 Copula 函数表示，即树 T_1 由 $c_{1,j+1}(j = 1, 2, \cdots, n-1)$ 构成。假设已对于 $c_{1,j+1}(j = 1, 2, \cdots, n-1)$ 选择了合适的 Pair – Copula 函数，参数向量估计为 $\hat{\theta}_{j,0}^{S}$。

根据式（3-9）和参数向量估计结果，确定具有 n – 1 个变量的 h 函数

$$\hat{v}_{j+2 \mid 1,m} = h(u_{j+2,m}, u_{1,m}; \hat{\theta}_{j+1,0}^{S}), j = 0, 1, \cdots, n-2, m = 1, 2, \cdots, M \quad (3-10)$$

利用 h 函数确定的 $(n-1) \times M$ 数据样本估计 n – 1 个变量之间的 Kendall 秩相关系数，然后利用式（3-9）确定变量 i^{**}。再次变量重新排序，使得重新排序后第一个变量为 i^*、第二个为变量 i^{**}。将变量 i^{**} 作为第二颗数 T_2 的根节点。选择适合种类的 Pair – Copula 函数表示 $c_{2,j+2 \mid 1}, j = 1, 2, \cdots, n-2$，并估计相应的参数。和式（3-10）类似，计算出 h 函数的 $(n-2) \times M$ 数据样本。

重复以上步骤，直至依次确定所有 C – vine Copula 模型结构中的根节点。

3.3

Pair Copula 函数的选择与检验

在对二元金融变量的相应结构进行进行分析时，描述变量间真正的 Copula

函数是无法得知的。Fernandze（2008）指出错误选择 copula 模型会造成风险度量较大的误差。因此，需要确定合适的二元 Copula 函数形式（Pair – Copula 函数）以描述所观测到数据间的相依结构。Pair – Copula 函数选择和 Pair – Copula 模型的检验密切相关。Pair – Copula 函数选择是通过对比较具体 Pair – Copula 函数对数据样本模拟结果得出的，因此 Pair – Copula 函数选择选择的过程，也就是 Pair – Copula 函数检验的过程和模型估计结果检验的过程。但是，Pair – Copula 函数选择和 Pair – Copula 模型的检验具有本质上的不同。对于随机变量 $X = (x_1, x_2)$，在真正描述 X 的 Copula 函数 C 未知时，假设 C 为 Copula 函数 C_o。

$$C_o = \{ C_\theta : \theta \in R^2 \}$$

在给定来自 X 的独立的 $X_1 = (x_{11}, x_{12}, \cdots, x_{1d})$ 和 $X_2 = (x_{21}, x_{22}, \cdots, x_{2d})$，在假设 $H_0 : C \in C_o$ 下，可以估计 Copula 函数参数 θ（Genest, Ghoudi et al., 1995；Shih, Louis, 1995；Joe, 1997, 2005；Tsukahara, 2005；Chen et al., 2006；Genest, Fan et al., 2009）。

但是，估计一个 Copula 模型 $C_o = \{ C_\theta : \theta \in R^2 \}$ 的相依参数，和检验原假设 $H_0 : C \in C_o$ 的有效性是两个本质不同的问题。因此在利用拟合优度检验（goodness – of – fit tests）统计量比较选择合适的 Copula 函数形式时，还应参照统计量的 P 值，以确定所选择 Copula 函数的有效性（Ané & Kharoubi, 2003）。

选择 Copula 函数时，除最常用参照 AIC 准则（Akaike, 1973）和 BIC 准则（Schwarz, 1978）方法外，Pair – Copula 函数选择常用的工具还包括图形工具和分析工具两类。

3.3.1　图形工具

利用图形工具选择 Copula 函数形式的方法具有简单、直观的特点。最常见的图形工具之一就是等高线图形法、Genest 和 Rivest（1993）提出的 λ 函数图形法、Genest 和 Favre（2007）详细描述的 Kendall 图形法（K – plot）和 χ 图形法（χ – plot，chi – plot）等。

选择 Copula 函数的等高线图形法就是利用各种给定参数的 Copula 函数（如 t Copula, Gumbel Copula, BB1 Copula 等）的密度函数的等高线，与利用数据样本估计的经验 Copula 函数的密度函数的等高线向比较，选择两者等高线最接近的那种 Copula 函数，作为描述二元随机变量的 Pair – Copula 函数。和等高线图形法类似，也可以利用具体 Copula 函数和经验 Copula 函数的概率密度函数所构成的图形直接比较，但是没有等高线图形直观。

Genest 和 Favre（2007）对利用 Kendall 图形（K – plot）和 χ 图形（chi – plot）确定变量相关性有详尽的描述。Kendall 图形（K – plot）通过比较理论 Copula 函数和经验上的 Kendall 图形，以确定适合数据样本的 Copula 函数的具体形式。χ 图形（chi – plot）方法最初由 Fisher 和 Switzer（1985）提出，Fisher 和 Switzer（2001）进行了更加全面的展示。

Genest 和 Rivest（1993）提出的 λ 函数图形法。将理论上的某个 Copula 函数的 λ 函数与样本数据的经验 λ 函数相比较，选择哪一种 Copula 函数最为适合描述数据的相关关系。λ 函数为

$$\lambda(v,\theta) := v - K(v,\theta) \qquad (3-11)$$

其中 $K(v,\theta) := \mathrm{P}(C(U_1,U_2 \mid \theta) \leqslant v)$ 为具有参数集 θ 的 Copula 函数 C 的 Kendall 分布函数，$v \in [0,1]$ 且 U_1，U_2 是与 C 连接的边缘分布的逆函数构成的均匀分布。

对于 Archimedean copulas 来说，λ 函数具有显性形式，由 Archimedean copulas 函数的生成函数 φ 和其导数 φ' 表示（Genest，Rivest，1993）：

$$\lambda(v,\theta) = \frac{\varphi(v)}{\varphi'(v)} \qquad (3-12)$$

3.3.2　拟合优度检验（goodness – of – fit tests）

选择 Copula 函数形式时更加准确的工具是利用 Copula 函数拟合优度的分析方法。拟合优度检验（goodness – of – fit tests）的方法有多种，Genest，Rémillard 等（2009）对常用的有关 Copula 函数拟合优度检验方法的有效性进行了比较分析。

在对二元变量进行 Copula 模型的拟合优度检验时，首先应该对两个数据序列之间进行非相关性检验。Genest 和 Favre（2007）提出了基于 Kendall 秩相关 τ 的一种简便方法，以检验二元变量的非相关性，渐近正态检验统计量为

$$T: = \sqrt{\frac{9N(N-1)}{2(2N+5)}} \, |\hat{\tau}| \qquad (3-13)$$

其中，N 为观测值个数，$\hat{\tau}$ 为样本数据的经验 Kendall 秩相关 τ 的估计值。对于二元变量非相关的原假设，P 值为

$$P = 2 \times [1 - \Phi(T)] \tag{3-14}$$

Genest 和 Rivest（1993）基于 Kendall 秩相关过程，通过计算 Cramér – von Mises 统计量和 Kolmogorov – Smirnov 统计量，及相应的 P 值以检验二元 Copula 函数拟合优度。另一种检验 Copula 函数拟合优度的方法由 Vuong（1989）和 Clarke（2007）提出。对于给定的多个 Copula 函数形式中，利用 Vuong 检验和 Clarke 检验，通过比较得分，选择最符合样本数据的二元 Copula 函数。

令 c_1 和 c_2 为两种 Copula 密度函数，其参数估计值分别为 $\hat{\theta}_1$ 和 $\hat{\theta}_2$。对于观测值 u_{ij}，$i = 1, 2, \cdots, N$，$j = 1, 2$，c_1 和 c_2 的对数差为

$$m_i := \log \left[\frac{c_1(u_{i,1}, u_{i,2} \mid \hat{\theta}_1)}{c_2(u_{i,1}, u_{i,2} \mid \hat{\theta}_2)} \right] \tag{3-15}$$

对于 Vuong 检验，令 υ 表示 m_i，$i = 1, 2, \cdots, N$ 的标准化和

$$\upsilon = \frac{\dfrac{1}{n} \sum\limits_{i=1}^{N} m_i}{\sqrt{\sum\limits_{i=1}^{N} (m_i - \overline{m})^2}} \tag{3-16}$$

Vuong（1989）表明 υ 服从标准正态分布。在给定 α 水平下，如果满足

$$\upsilon > \Phi^{-1} \left(1 - \frac{\alpha}{2} \right)$$

则具有 c_1 的 Copula 模型 1 优于具有 c_2 的 Copula 模型 2。同理如果 $\upsilon < \Phi^{-1}$ $(1 - \alpha/2)$，则选择模型 2；如果 $|\upsilon| \leqslant \Phi^{-1}$ $(1 - \alpha/2)$，则无法判断哪一个模型更优。

在 Clarke 检验中，零假设为，对于任意的 i

$$H_0 : p(m_i > 0) = 0.5$$

Clarke 统计量为

$$B = \sum_{i=1}^{N} \mathbf{1}_{(0, \infty)}(m_i) \tag{3-17}$$

其中，模型 1 为指示函数。Clarke（2007）证明 B 服从具有参数 N 和 p = 0.5 的二项分布。如果 B 与期望值 $N_p = N/2$ 没有显著不同，那么模型 1 和模型 2 在统计意义上相等。

3.4
Copula 模型的参数估计

在利用 Copula 模型和 Vine Copula 模型进行金融分析时，在选择适当的边缘分布函数和 Copula 函数后，需要对边缘分布函数和 Copula 函数中的未知参数进行参数估计。Copula 模型的估计方法主要包括参数估计方法、半参数估计方法和非参数估计方法。常用的参数估计方法有最大似然估计法，分部估计法。

3.4.1 精确极大似然估计（EML 估计）

精确极大似然估计（Exact Maximum Likelihood Method，EML）是建立在极大似然估计原理基础之上的参数估计方法中的一种。

设随机向量 $X = (x_1, x_2, \cdots, x_n)$ 的联合分布函数 F 为具有边缘分布 F_1，$F_2, \cdots, F_N$，C 为相应的密度函数为 c 的 Copula 函数，$F_1^{(-)}(x_1), F_2^{(-)}(x_2), \cdots$，$F_n^{(-)}(x_n)$ 分别为 $F_1(x_1), F_2(x_2), \cdots, F_n(x_n)$ 的伪逆函数，那么对于函数 C 定义域内的任意 $(u_1, u_2, \cdots, u_N)$，均有：

$$C(u_1, u_2, \cdots, u_N) = F[F_1^{(-)}(u_1), F_2^{(-)}(u_2), \cdots, F_n^{(-)}(u_N)]$$

由 Sklar 定理可知，通过 Copula 函数 C 的密度函数 c 和边缘分布 F_1，$F_2, \cdots, F_n$，即可求出 n 维分布函数 F 的密度函数：

$$f(x_1, x_2 \cdots, x_n; \eta) = c[F_1(x_1; \alpha_1), F_2(x_2; \alpha_2), \cdots, F_n(x_n; \alpha_n); \theta] \prod_{i=1}^{n} f(x_i; \alpha_i)$$

$$(3-18)$$

其中 $c(u_1, u_2, \cdots, u_n) = \dfrac{\partial^n C(u_1, u_2, \cdots, u_n)}{\partial u_1 \partial u_2 \cdots \partial u_n}$；$\eta = (\alpha_1', \alpha_2', \cdots, \alpha_n'; \theta')'$ 为参数向量；f_i 是边缘分布 F_i 的密度函数 $(i = 1, 2, \cdots, n)$。因此样本 $(x_{1t}, x_{2t}, \cdots x_{nt})$，$t = 1, 2, \cdots, T$ 的对数似然函数为

$$l(\eta; X) = \sum_{t=1}^{T} \sum_{i=1}^{n} \ln f_i(x_{it}; \alpha_i) + \sum_{t=1}^{T} c[F_1(x_1;), F_2(x_2; \alpha_2), \cdots, F_n(x_n; \alpha_n); \theta]$$

$$(3-19)$$

通过求对数似然函数的极大值，即可同时估计边缘分布函数和 Copula 函数中的所有参数。精确极大似然估计法由于具备良好的统计近似性质，是公认的 Copula 函数估计的标准方法。但是精确极大似然估计法在实际应用中，需要同时计算出各边缘分布的参数和 Copula 函数的参数，参数过多导致计算成本相当高昂而不利于寻优。特别是对于高维的金融数据，有可能导致维数灾难问题，导致模型估计困难。另外，对于具有复杂的边缘分布函数的 Copula 模型，利用精确极大似然估计法的求解过程也将非常繁琐和复杂。

3.4.2　边缘函数推断法（IFM 估计）

尽管利用 EML 方法可以同时得到边缘分布函数和 Copula 函数中的所有参数的最优估计，但是由于同时估计的参数过多，导致模型估计困难，Joe 和 Xu（1996）提出边缘函数推断法（inference functions of margins，IMF）。对分布估计法参数性质的讨论参考 Joe（1997）和 Cherubini，Luciano 等（2004）。Joe（1997）认为分布估计法和极大似然估计法同样有效。边缘函数推断法就是先利用极大似然估计法估计边缘分布中的参数（$\alpha_1', \alpha_2', \cdots, \alpha_n'$），然后利用估计参数得出边缘分布 F 的伪样本数据，估计出 Copula 参数的极大似然估计值 θ'。

第一步：

$$\hat{\alpha}_1 = \text{argmax} \sum_{t=1}^{T} \ln f_1(x_{1t}; \alpha_1)$$

$$\hat{\alpha}_2 = \text{argmax} \sum_{t=1}^{T} \ln f_2(x_{2t}; \alpha_2)$$

$$\vdots$$

$$\hat{\alpha}_N = \text{argmax} \sum_{t=1}^{T} \ln f_N(x_{Nt}; \alpha_N) \tag{3-20}$$

第二步：

$$\hat{\theta} = \text{argmax} \sum_{t=1}^{T} \ln c(F_1(x_1; \hat{\alpha}_1), F_2(x_2; \hat{\alpha}_2), \cdots F_n(x_n; \hat{\alpha}_n); \theta) \tag{3-21}$$

根据上述两个步骤我们就可以得到由 IFM 方法估计出的参数 $\hat{\eta} = (\hat{\alpha}_1',$ $\hat{\alpha}_2', \cdots, \hat{\alpha}_n'; \hat{\theta}')'$

通过比较 IFM 估计方法和 EML 估计方法可知，两种方法估计出的参数并不完全一致。EML 方法下，估计参数同时满足边缘分布函数和 Copula 函数的全局最优化，而 IFM 方法下估计参数则分别使边缘分布函数和 Copula 函数达到最优化。从统计性质来看，虽然 IFM 的有效性略低于 EML 方法，但是由于 IFM 可以把边缘分布函数的参数和 Copula 函数的参数分开进行估计求解，因此有效地解决了 Copula 函数估计的维数灾难问题，在实践中得到了广泛应用。

3.4.3 正则极大似然估计（CML）

对于边缘分布函数的估计也可以使用非参数方法或经验分布。使用经验分布估计边缘分布的方法称为半参数估计法（Canonical Maximum Likelihood，CML）。由于经验分布函数不对各边缘分布函数的具体形式作出任何假设，因此其能够很好地拟合实际金融数据，在一定程度上可以减少模型设定而导致的误差。Chen 和 Fan（2006）研究表明，在未确认（unspecified）边缘分布函数的情况下，CML 估计方法得到的 Copula 函数的参数不仅是有效的近似估计，而且在有限样本情况下 CML 估计方法的表现较参数方法更佳。

CML 估计方法下，用经验分布函数替代了边缘分布函数，因此可以不用估计 Copula 模型中边缘分布中的参数，只需要估计 Copula 函数中的参数

$$\hat{\theta} = \mathrm{argmax} \sum_{t=1}^{T} \mathrm{ln}c(F_1, F_2, \cdots, F_N; \theta) \qquad (3-22)$$

3.4.4 非参数估计

与参数估计不同，非参数估计方法不再对描述随机变量之间相关结构的假定 Copula 函数的具体形式，也就是不再对具体 Copula 函数的任何参数做出假设和估计，而是直接估计变量的随机过程中任意一点处 Copula 函数的值。常用的 Copula 模型的非参数估计方法包括经验 Copula（The empirical copula）和核（Kernel）Copula。

（1）经验 Copula。

Deheuvels（1978，1979，1981）提出了通过经验 Copula 估计 Copula 函数

C 的非参数估计方法。

令 $X_t = (X_{1t}, X_{1t}, \cdots, X_{nt}) \in R^n$ 为独立同分布（I, I, d）序列，具有连续的联合分布函数 F 和连续的边缘分布函数 $f_j (j = 1, 2, \cdots, n)$。令 $\{x_1^{(t)}, x_2^{(t)}, \cdots, x_n^{(t)}\}$ 为来自样本的顺序统计量（the order statistic），令 $\{r_1^{(t)}, r_2^{(t)}, \cdots, r_n^{(t)}\}$ 为来自样本的次序统计量（the rank statistic），两种统计量之间满足，$x_n^{(r_n^{(t)})} = x_{nt}, t = 1, 2, \cdots, T$。

定义：Deheuvels 经验 Copula：定义在格子 l 上的函数 $\hat{C}$ 为经验 Copula

$$l = \left[\left(\frac{t_1}{T}, \frac{t_2}{T}, \cdots, \frac{t_n}{T} \right) : 1 \leqslant j \leqslant n, t_j = 0, 1, \cdots, T \right]$$

$$\hat{C}\left(\frac{t_1}{T}, \frac{t_2}{T}, \cdots, \frac{t_n}{T} \right) = \frac{1}{T} \sum_{t=1}^{T} \prod_{j=1}^{n} 1 \quad (r_j^t \leqslant t_j)$$

其中，模型 1 为指示函数（the indicator function），满足参数条件值为 1。

Deheuvels（1978, 1981）证明了当样本容量无穷大时，经验 Copula 一致收敛于 X_t 的 Copula 函数。Nelsen（1999）给出了类似于密度函数的经验 Copula 频率函数 $\hat{c}$ 的表达式

$$\hat{c}\left(\frac{t_1}{T}, \frac{t_2}{T}, \cdots, \frac{t_n}{T} \right) = \sum_{i_1=1}^{2} \sum_{i_2=1}^{2} \cdots \sum_{i_n=1}^{2} (-1)^{\sum_{j=1}^{n} i_j} \times \hat{C}\left(\frac{t_1 - i_1 + 1}{T}, \frac{t_2 - i_2 + 1}{T}, \cdots, \right.$$

$$\left. \frac{t_n - i_n + 1}{T} \right) \tag{3-23}$$

Nelsen（1999）指出，经验 Copula 函数的概念，允许我们从多方面定义样本的相依性，并且能够利用 Copula 函数描述样本的其他性质。此外，经验 Copula 函数也可以被用来构建独立性的非参数检验（Deheuvels, 1981）。Nelsen（1999）还给出了样本容量为 T 的二元经验 Copula 函数的 Spearmanρ_S 和 Kendallτ 的表达式

$$\hat{\rho}_S = \frac{12}{T^2 - 1} \sum_{j=1}^{T} \sum_{i=1}^{T} \left[\hat{C}\left(\frac{i}{T}, \frac{j}{T} \right) - \frac{i}{T} \cdot \frac{j}{T} \right] \tag{3-24}$$

$$\hat{\tau} = \frac{2T}{T-1} \sum_{j=2}^{T} \sum_{i=2}^{T} \left[\hat{C}\left(\frac{i}{T}, \frac{j}{T} \right) \hat{C}\left(\frac{i-1}{T}, \frac{j-1}{T} \right) - \hat{C}\left(\frac{i}{T}, \frac{j-1}{T} \right) \hat{C}\left(\frac{i-1}{T}, \frac{j}{T} \right) \right]$$

$$\tag{3-25}$$

（2）核（Kernel）Copula。

在统计领域，许多非参数估计方法是以核（Kernel）为基础的。利用核估

计方法估计 Copula 函数时，不需要对描述随机变量之间相依结构的 Copula 函数的任何参数做先验性的假设，就能够给出任意一点的 Copula 函数的估计值，并且可以得出基于 Copula 函数的相关性测度。非参数核估计方法还可以用于 Copula 函数的构建（Scaillet，2007；Cherubini，Luciano et al.，2004）。

对 Copula 函数的估计，需要估计出式（3－26）在 R^n 中的 m 个不同的点

$$C(u_1,u_2,\cdots,u_n) = F[F_1^{-1}(u_1),F_2^{-1}(u_2),\cdots,F_n^{-1}(u_n)] \qquad (3-26)$$

其中 $F_1^{-1},F_2^{-1},\cdots,F_n^{-1}$ 分别是 $F_1,F_2,\cdots,F_n$ 的伪逆函数。

对于给定的 $u_{ij} \in (0,1)$，$i = 1,2,\cdots,m, j = 1,2,\cdots,n$，假设 Y_{jt} 的累计概率分布函数（c. d. f.）F_j 满足 ξ_{ij} 为方程 $F_j(y) = u_{ij}$ 的唯一解。核函数 $k_{ij}(x)$ 表示一种定义在实数域 R 内的具有实数边际的对称函数，满足

$$\int_R k_{ij}(x)dx = 1, i = 1,2,\cdots,m; j = 1,2,\cdots,n$$

并且

$$K_i(x,h) = \prod_{j=1}^{n} k_{ij}\left(\frac{x_j}{h_j}\right), i = 1,2,\cdots,m$$

其中，带宽 h 是元素为 $\{h_j\}$（$j = 1,2,\cdots,n$）、行列式为 $|h|$ 的一个对角矩阵；同时每一个带宽 h_j 都是 T 的正函数，满足当 $T \to \infty$ 时

$$|h| + \frac{1}{T|h|} \to 0$$

Y_{jt} 在 y_{jt} 点的概率密度函数（p. d. f.），$f_j(y_{jt})$ 的估计为

$$\hat{f}_j(y_{jt}) = \frac{1}{Th_j}\sum_{t=1}^{T} k_{ij}\left(\frac{y_{ij} - y_{it}}{h_j}\right) \qquad (3-27)$$

并且 Y_t 在点 $y_i = (y_{i1},y_{i2},\cdots,y_{in})'$ 出的联合密度函数 $f(y_i)$ 的估计为

$$\hat{f}(y_i) = \frac{1}{T|h|}\sum_{t=1}^{T} K_i(y_i - Y_t;h) = \frac{1}{T|h|}\sum_{t=1}^{T}\prod_{j=1}^{n} K_{ij}\left(\frac{y_{ij} - Y_{it}}{h_j}\right) \qquad (3-28)$$

因此，Y_{jt} 在点 y_{ij} 处的累计概率分布（c. d. f.）$F_j(y_{ij})$ 的估计为

$$\hat{F}_j(y_{ij}) = \int_{-\infty}^{y_{ij}} \hat{f}_j(x)dx \qquad (3-29)$$

同时，可以得到 Y_t 在点 $y_i = (y_{i1},y_{i2},\cdots,y_{in})'$ 处的概率分布（c. d. f.）$F(y_i)$ 的估计为

$$\hat{F}(y_i) = \int_{-\infty}^{y_{i1}}\int_{-\infty}^{y_{i2}}\cdots\int_{-\infty}^{y_{in}} \hat{f}(x)dx \qquad (3-30)$$

如果选择正态核函数 $k_{ij} = \varphi(x) = \dfrac{1}{\sqrt{2\pi}}\exp\left(-\dfrac{x^2}{2}\right)$，则可以得到

$$\hat{F}_j(y_{ij}) = \frac{1}{Th_j}\sum_{t=1}^{T}\Phi\left(\frac{y_{ij} - Y_{jt}}{h_j}\right) \qquad (3-31)$$

$$\hat{F}(y_{ij}) = \frac{1}{T\mid h\mid}\sum_{t=1}^{T}\prod_{j=1}^{n}\Phi\left(\frac{y_{ij} - Y_{jt}}{h_j}\right) \qquad (3-32)$$

其中，φ 和 Φ 分别表示标准正态分布的概率密度函数和概率分布函数。

采用插值法来估计 Copula 函数在不同点 u_i（$i = 1,2,\cdots,m$，对于 $i < l$ 有 $u_{ij} < u_{il}$）的值

$$\hat{C}(u_i) = \hat{F}(\hat{\xi}_i) \qquad (3-33)$$

其中 $\hat{\xi}_i = (\hat{\xi}_{i1},\hat{\xi}_{i2},\cdots,\hat{\xi}_{in})'$ 并且 $\hat{\xi}_{ij} = \inf_{y\in R}\{y:\hat{F}_j(y)\geqslant u_{ij}\}$。估计值 $\hat{\xi}_{ij}$ 等于概率水平为 u_{ij} 所对应于的 Y_{jt} 得分位数的核估计。

3.5

Vines Copula 模型的参数估计

由于利用 Vines Copula 模型对多变量时间序列建模时，模型结构较为复杂，因此对 Vines Copula 模型的估计采用两阶段估计法（IMF），即首先对所确定的各变量的边缘分布模型参数进行估计（极大似然估计、核估计等），然后利用估计所得参数将边缘分布转化为均匀分布，作为估计 Vines Copula 模型中 Pair Copula 的已知数据，利用极大似然估计法估计出 Vines Copula 模型中所有 Copula 函数参数。

由于 n 个变量的 Vines Copula[①] 模型中所有 Pair Copula 的选择是根据模型中树的顺序依次进行的，那么构成树 2，3，$\cdots$，$n-1$ 的条件 Copula 函数通过 h 函数和前面的树相连。因此，C – vine 和 D – vine Copula 模型可以对构成模型的树依次模拟，这样每次模拟只是涉及每个 Pair Copula 函数的双变量估计，这种 Vines Copula 模型的估计方法称为顺序估计法（Czado, Schepsmeier et al., 2011）。虽然一般来说，顺序估计法能够得到对模型很好地模拟结果，但

---

① 由于 Vines Copula 模型的估计采用两阶段估计法，这里 Vines Copula 模型的估计指对模型中 Copula 函数的估计，不包含边缘分布估计。

是更加精确的估计是采用极大似然估计法，对 Vines Copula 模型中所有参数的联合估计。有关 Vines Copula 模型详细的讨论参阅 Aas，Berg 等（2009）、Haff（2010）、Kurowicka 和 Joe（2011）、Brechmann 和 Schepsmeier（2011）以及 Czado，Schepsmeier 等（2011）文献。

Aas 和 Berg 等（2009）提出对 C – vine 和 D – vine Copula 模型参数极大似然估计的方法。对于 C – vine 和 D – vine Copula 模型来说，令 $C_{i_1 i_2 \mid m}(u_{i_1}, u_{i_2})$ 表示过去条件集为 $\{i_1, i_2\}$、现在条件集为 m 的 Copula 函数。如果 $i_1 < i_2$，那么对于 C – vine Copula 来说，$m = \{1, 2, \cdots, i_1 - 1\}$；对于 D – vine Copula 来说，$m = \{i_1 + 1, \cdots, i_2 - 1\}$。$C_{i_1 i_2 \mid m}$ 函数关于 u_j 和 u_{j+i} 的偏导数表示为

$$C_{i_1 \mid i_2 : m}(u_{i_1} \mid u_{i_2}) = \frac{\partial C_{i_1 i_2 \mid m}}{\partial u_{i_2}} \text{和} \; C_{i_2 \mid i_1 : m}(u_{i_2} \mid u_{i_1}) = \frac{\partial C_{i_1 i_2 \mid m}}{\partial u_{i_1}}。 \quad (3-34)$$

假设样本数据为 n 个变量和 T 个时间点的观测值，令 $x_t = (x_{1t}, x_{2t}, \cdots, x_{nt})$ 表示数据集的第 t 次观测值向量 $t = 1, 2, \cdots, T$。假设每个变量的 T 个数据所构成的时间序列前后独立。

3.5.1　C – vine Copula 模型的参数推断

已知 n 维 C – vine 结构的联合密度函数形式表示为

$$f(x) = \prod_{k=1}^{n} f_k(x_k) \cdot \prod_{i=1}^{n-1} \prod_{j=1}^{n-i} c_{i, i+j \mid 1:(i-1)} \big[F(x_i \mid x_1, \cdots, x_{i-1}),$$
$$F(x_{i+j} \mid x_1, \cdots, x_{i-1}) \mid \theta_{i, i+j \mid 1:(i-1)} \big] \quad (3-35)$$

其中，f_k 表示边缘概率密度函数（$k = 1, 2, \cdots, n$），$c_{i, i+j \mid 1:(i-1)}$ 表示具有参数集 $\theta_{i, i+j \mid 1:(i-1)}$ 的二变量 Copula 函数的密度函数（$i_k : i_m$ 表示 $i_k, \cdots, i_m$）；i 表示 C – vine 中第 i 层结构的树 T_i。

假设每个变量的边缘分布函数中的参数已经得到了估计，则 n 维 C – vine 结构中参数集为 θ_{Cv} 的 Copula 函数的对数似然函数为

$$\ell_{Cv}(\theta_{Cv} \mid u) = \sum_{t}^{T} \sum_{i=1}^{n-1} \sum_{j=1}^{n-i} \log \big[c_{i, i+j \mid 1:(i-1)} (F_{i \mid 1:(i-1)}, F_{i+j \mid 1:(i-1)} \mid \theta_{i, i+j \mid 1:(i-1)}) \big]$$

$$(3-36)$$

其中，$F_{j \mid i_1 : i_m} := F(u_{t,j} \mid u_{t,i_1}, \cdots, u_{t,i_m})$，边缘分布为均匀分布。值的注意的是 $F_{j \mid i_1 : i_m}$ 依赖于树 1 到树 i_m 中 Pair Copula 中的参数。

3.5.2　D – vine Copula 模型的参数推断

同理，已知 n 维 D – vine 结构的联合密度函数形式表示为

$$f(x) = \prod_{k=1}^{n} f_k(x_k) \times \prod_{i=1}^{n-1} \prod_{j=1}^{n-i} c_{j,j+i \mid (j+1):(j+i-1)}(F(x_j \mid x_{j+1},\cdots,x_{j+i-1}),$$
$$F(x_{j+i} \mid x_{j+1},\cdots,x_{j+i-1}) \mid \theta_{j,j+i \mid (j+1):(j+i-1)}) \qquad (3-37)$$

其中，f_k 表示边缘概率密度函数（$k = 1, 2, \cdots, n$），$c_{j,j+i \mid (j+1):(j+i-1)}$ 表示具有参数集 $\theta_{j,j+i \mid (j+1):(j+i-1)}$ 的二变量 Copula 函数的密度函数。

如果每个变量的边缘分布函数中的参数已经得到了估计，则 n 维 D – vine 结构中参数集为 θ_{Dv} 的 Copula 函数的对数似然函数为

$$\ell_{Cv}(\theta_{Dv} \mid u) = \sum_{t}^{T} \sum_{i=1}^{n-1} \sum_{j=1}^{n-i} \log[c_{j,j+i \mid (j+1):(j+i-1)}(F_{j \mid (j+1):(j+i-1)},$$
$$F_{j+i \mid (j+1):(j+i-1)} \mid \theta_{j,j+i \mid (j+1):(j+i-1)})] \qquad (3-38)$$

3.6

Vines Copula 模型模拟

Bedford 和 Cooke（2001a，2001b）以及 Kurowicka 和 Cooke（2005）等对 Vines 的模拟都有简要的讨论。Aas，Czado 等（2009）给出了 C – vine 和 D – vine 的一般性算法。关于二元和多元 Copula 模型的模拟算法可以在 Alexander（2008）中找到。

在 Vine Copula 模型建立并对模型参数进行估计之后，可以利用模型确定的 Vine Copula 模型结构和 Pair Copulas 估计所得参数，对模型进行蒙特卡洛模拟（Monte Carlo simulation）。模拟过程主要分为两部分，一是模拟 Vine 结构所确定的相关的 n 维 [0，1] 均匀变量样本，二是利用模拟得到的相关的 n 维 [0，1] 均匀变量样本得出 n 个随机变量的边缘分布。

3.6.1　Vines 结构模拟

对 C – vine 和 D – vine 模拟具体步骤包括：

①利用独立均匀分布模拟得到独立的 n 维 $[0, 1]$ 均匀分布样本 w_i，$i = 1, 2, \cdots, n$；

②令

$$x_1 = w_1$$
$$x_2 = F_{2|1}^{-1}(w_2 \mid x_1)$$
$$x_3 = F_{3|1,2}^{-1}(w_3 \mid x_1, x_2) \qquad (3-39)$$
$$\vdots \qquad \vdots \qquad \vdots$$
$$x_n = F_{n|1,2,\cdots,(n-1)}^{-1}(w_n \mid x_1, x_2, \cdots, x_{n-1})$$

③ $(x_1, x_2, \cdots, x_n)$ 即为具有均匀边缘分布的 Vine Copula 的模拟结果。

无论是 C – vine 还是 D – vine，对于每一个 j，$F(x_j \mid x_1, x_2, \cdots, x_{j-1})$ 的是根据 h 函数及其逆函数 h^{-1} 确定的，但是 h^{-1} 函数中的 v_j 的选择在 C – vine 和 D – vine 中是不同的。

对于 C – vine 选择

$$F(x_j \mid x_1, x_2, \cdots, x_{j-1})$$
$$= \frac{\partial C_{j,j-1 \mid 1,2,\cdots,j-2}(F(x_j \mid x_1, x_2, \cdots, x_{j-2}), F(x_{j-1} \mid x_1, x_2, \cdots, x_{j-2}))}{\partial F(x_{j-1} \mid x_1, x_2, \cdots, x_{j-2})}$$

$$(3-40)$$

对于 D – vine 选择

$$F(x_j \mid x_1, x_2, \cdots, x_{j-1})$$
$$= \frac{\partial C_{j,1 \mid 2,\cdots,j-1}(F(x_j \mid x_2, x_3, \cdots, x_{j-1}), F(x_1 \mid x_2, x_3, \cdots, x_{j-1}))}{\partial F(x_1 \mid x_2, x_3, \cdots, x_{j-1})}$$

$$(3-41)$$

以 3 变量情景为例，说明如何对 C – vine 和 D – vine 模拟。对于 3 维随机变量，Pair Copula 对多元分布的分解既是 C – vine 结构，又是 D – vine 结构。

首先模拟得到独立的 3 维 $[0, 1]$ 均匀分布样本 w_i，$i = 1, 2, 3$；

然后令 $x_1 = w_1$；再者得到 $F(x_2 \mid x_1) = h(x_2, x_1, \theta_{11})$，因此 $x_2 = h^{-1}(w_2, x_1, \theta_{11})$；

最后 $F(x_3 \mid x_1, x_2) = h(F(x_3 \mid x_1), F(x_2 \mid x_1), \theta_{21}) = h(h(x_3, x_1, \theta_{12}), h(x_2, x_1, \theta_{21}))$，因此，$x_3 = h^{-1}(h^{-1}(w_3, h(x_2, x_1, \theta_{11}), \theta_{21}), x_1, \theta_{12})$。

3.6.2　Vines Copula 模型边缘分布模拟

对于模型边缘分布的模拟是在对 C – vine 和 D – vine 模拟得到相关的 n 维 [0，1] 均匀分布样本 $(x_1, x_2, \cdots, x_n)$ 的基础上得到的。

将模拟得到的 $(x_1, x_2, \cdots, x_n)$ 带入各随机变量边缘分布模型，即可得出随机变量的模拟结果 $F_1^{-1}(x_1)$，$F_2^{-1}(x_2)$，$\cdots$，$F_n^{-1}(x_n)$。

3.7

本章小结

本章主要介绍 Vines Copula 模型的建立以及参数估计问题。首先给出了 Vines Copula 模型的构建步骤。在 Vines Copula 模型的构建步骤的指导下，讨论如何确定 Vines Copula 模型结构，在给出 C – vine Copula 和 D – vine Copula 模型一般结构的基础上，并讨论了 Vine Copula 模型类别的选择与构建问题。本章介绍了建立 Vines Copula 模型常用的选择合适的 Pair Copula 函数具体形式两类方法，即图形工具方法和拟合优度检验（goodness – of – fit tests）方法。对于 Copula 模型的参数估计问题，总结了常用的几种估计方法，包括精确极大似然估计（EML 估计）、边缘函数推断法（IFM 估计）、正则极大似然估计（CML）和非参数估计等。然后讨论 Vines Copula 模型的参数估计问题，具体讨论了 C – vine Copula 模型和 D – vine Copula 模型的参数推断。最后介绍了 Vines Copula 模型的模拟方法，包括 Vines 结构模拟和 Vines Copula 模型边缘分布模拟。

本章内容是利用 Vines Copula 模型分析金融时间序列实际问题的关键一章，是本书第五章和第六章的理论模型基础。

第4章

Vines Copula 模型的边缘
分布及实证研究

在对多元金融时间序列建立 Vines Copula 模型时，必须首先确定各个金融变量的边缘分布模型。边缘分布模型的选择直接影响 Vines Copula 模型的有效性。常用的 Vines Copula 模型中随机变量边缘分布模型有 ARMA – GARCH 模型、VAR – MGARCH 模型和基于极值理论的 POT 模型。

本章将首先介绍 Vines Copula 模型的研究对象——金融时间序列收益率的一般特性。然后介绍几种 Vines Copula 模型中常用的随机变量边缘分布模型的基本表达形式。由于几种常用的边缘分布模型又可作为独立的实证研究模型，在本章将利用 ARMA – GARCH 模型和 VAR 模型，以及 VAR – MGARCH 模型进行相关的实证研究。POT 模型的研究将在本书第五章和第六章进行。

4.1

金融时间序列收益率一般特性

4.1.1 资产的收益率

一般来说，金融资产的收益率体现了与投资规模无关的投资机会，并且金融资产的收益率序列和价格序列相比具有更好的统计性，因此，金融市场中研究的对象主要是资产的收益率而不是资产的价格。

设 P_t 为某种金融资产在 t 时刻的价格，R_t 表示简单收益率，r_t 表示连续复合收益率，持有该资产从第 $t-1$ 天到第 t 天，假定该资产不支付红利。则简单收益率为

$$R_t = \frac{P_t - P_{t-1}}{P_{t-1}} = \frac{P_t}{P_{t-1}} - 1 \qquad (4-1)$$

连续复合收益率或对数收益率为

$$r_t = \ln(1 + R_t) = \ln P_t - \ln P_{t-1} \qquad (4-2)$$

如果该项资产在第 $t-1$ 天到第 t 天的周期内支付红利 D_t，则 t 时刻的连续复合收益率为

$$r_t = \ln(P_t + D_t) - \ln P_{t-1} \qquad (4-3)$$

4.1.2　金融时间序列收益率的分布特性

考虑 N 个资产 T 个时间周期，$t = 1, 2, \cdots, T$，对于每个资产 i，r_{it} 表示该项资产在 t 时刻的连续复合收益率。描述资产 i 的对数收益率序列分布的常用指标为

$$
\begin{aligned}
\hat{\mu} &= \frac{1}{T} \sum_{t=1}^{T} r_t \\
\hat{\sigma}^2 &= \frac{1}{T-1} \sum_{t=1}^{T} (r_t - \hat{\mu})^2 \\
\hat{S} &= \frac{1}{(T-1)\hat{\sigma}^3} \sum_{t=1}^{T} (r_t - \hat{\mu})^3 \\
\hat{K} &= \frac{1}{(T-1)\hat{\sigma}^4} \sum_{t=1}^{T} (r_t - \hat{\mu})^4
\end{aligned}
\qquad (4-4)
$$

其中，$\hat{\mu}$、$\hat{\sigma}^2$、$\hat{S}$ 和 $\hat{K}$ 分别表示收益率序列 r_t 的样本均值、样本方差、样本偏度和样本峰度。

4.1.3　平稳性和白噪声

对金融时间序列分析时，首先应确定时间序列的平稳性。在本书以后的研究中，假定金融资产收益率序列是弱平稳的。对于时间序列 $\{r_t\}$，如果对所有的 t 和任意的正整数 k，以及任意 k 个正整数 $(t_1, t_2, \cdots, t_k)$，$(r_{t1}, r_{t2}, \cdots, r_{tk})$ 的联合概率发布在时间的平移变换下保持不变，则称时间序列 $\{r_t\}$ 是严平稳的。时间序列 $\{r_t\}$ 称为弱平稳的，如果 r_t 的均值与 r_t 和 r_{t-l} 的协方差不随时

间而改变，其中 l 是任意整数（Tsay，2010）。如果时间序列 r_t 服从正态分布，则弱平稳和严平稳是等价的。

如果是一个具有有限均值和有限方差的独立同分布随机变量序列，时间序列 r_t 称为白噪声序列。若 r_t 还服从均值为 0 和方差为 σ^2 的正态分布，则称之为高斯白噪声。

4.2

ARMA – GARCH 模型

对于给定的金融时间序列 r_t，假设 r_t 服从简单的自回归滑动平均（ARMA）模型

$$r_t = \mu_t + \varepsilon_t$$

$$\mu_t = \phi_0 + \sum_{i=1}^{k} \beta_i x_{it} + \sum_{i=1}^{P} \phi_i r_{t-i} - \sum_{i=1}^{q} \theta_i \varepsilon_{t-i} \tag{4-5}$$

其中 k，p 和 q 是非负整数，x_{it} 是解释变量，μ_t 称为 r_t 在 t 时刻的均值，ε_t 称为 r_t 在 t 时刻的新息扰动。在已知给定 t–1 时刻的信息集 F_{t-1} 的条件下，r_t 的条件方差为

$$\sigma_t^2 = Var(r_t \mid F_{t-1}) = E(r_t - \mu_t \mid F_{t-1})^2 = E(\varepsilon_t \mid F_{t-1})^2 \tag{4-6}$$

条件异方差模型就是描述 σ_t^2 的随时间的演变规律的。

4.2.1 ARCH 模型

Engle（1982）提出的自回归条件异方差（ARCH）模型是用来描述 σ_t^2 随时间演变规律的最广泛的一类模型。ARCH 模型提出之后，由于其具有形式简单、容易估计的特点，为研究工作者和实际工作者所接受，成为金融计量学的主要实证工具之一。自回归条件异方差模型实际上是把时间序列动态模型加以推广，用 ARCH 模型来刻画扰动项的条件方差随时间变化的动态特征。ARCH 模型对条件方差进行刻画，提高了对方差的预测精度。ARCH 模型只用很少的参数就能够很好地拟合实际数据。由于 ARCH 模型描述了金融时间序列波动性聚类的特点，被广泛地用来分析股票、汇率和利率数据。

根据 Engle（1982）给的定义，ARCH（m）模型为：

$$\varepsilon_t = \sigma_t v_t$$

$$\sigma_t^2 = \alpha_0 + \sum_{j=1}^{m} \alpha_j \varepsilon_{t-j}^2 \qquad\qquad (4-7)$$

其中 $\{v_t\}$ 是均值为 0、方差为 1 的独立同分布（iid）随机变量序列，$\alpha_0 > 0$，$\alpha_j > 0$，$j = 1, \cdots, m$。为了保证 $\{\varepsilon_t^2\}$ 平稳，要求 $\alpha_1 + \cdots + \alpha_m < 1$。在实际中，ARCH 模型的估计通常在假定 $\{v_t\}$ 服从标准正态分布、标准 t 分布或者是广义误差分布下，采用极大似然估计。

ARCH 模型的检验一般有两种方法。

（1）ARCH LM 检验

Engle 在 1982 年提出检验残差序列中是否存在 ARCH 效应的拉格朗日乘数检验（Lagrange Multiplier Test），即 ARCH LM 检验。

ARCH LM 检验统计量的检验原假设为，残差序列中直到 p 阶都不存在 ARCH 效应。ARCH LM 检验统计量是通过以下一个辅助检验回归计算出的。

$$\hat{\varepsilon}_t^2 = \alpha_0 + \sum_{s=1}^{p} \alpha_s \hat{\varepsilon}_{t-s}^2 + v_t \qquad\qquad (4-8)$$

式中的 $\hat{\varepsilon}_t$ 是残差。式（4-2-2）表示残差平方 $\hat{\varepsilon}_t^2$ 对一个常数和直到 p 阶的残差平方的滞后 $\hat{\varepsilon}_{t-s}^2$，（$s = 1, 2, \cdots, p$）所作的一个回归。这个检验回归有两个统计量：

①F 统计量是对所有残差平方的滞后项的联合显著性所做的一个省略变量检验；

②$T \times R^2$ 是 Engles LM 检验计量，它是观测值个数 T 乘以回归检验的 R^2；

原假设下 LM 检验 F 统计量的准确的有限样本分布未知，但是一般情况下是渐近从 $\chi^2(p)$ 分布的。

（2）Ljung - Box 检验

对一个正确指定的 ARCH 模型，标准化的残差 $\tilde{\varepsilon}_t = \varepsilon_t / \sigma_t$ 是一列独立同分布的随机变量序列。因此，我们可通过检查序列 $\{\tilde{\varepsilon}_t\}$ 来检验所拟合的 ARCH 模型是否充分。特别的，$\tilde{\varepsilon}_t$ 的 Ljung - Box 统计量可用来检验模型均值方程的充分性，$\tilde{\varepsilon}_t^2$ 的 Ljung - Box 统计量可用来检验波动率方程的正确性。$\{\tilde{\varepsilon}_t\}$ 的偏度、峰度、QQ 图可用来检验分布假定的正确性。

ARCH 模型有不少优点，但该模型也有一些缺点。因为 ARCH 模型假定波动率依赖于过去"扰动"的平方，因此正的"扰动"和负的"扰动"对波动率的影响相同。众所周知，实际中金融资产的价格对正的"扰动"和负的"扰动"的反应是不同的。ARCH 模型不能确定一个金融时间序列的变化来源，只是提供一个描述条件方差行为的方式，而引起这种行为的原因却无法给出任何启示。由于 ARCH 模型对金融资产的价格收益率序列大的、孤立的"扰动"反应缓慢，给出的波动率预报值会偏高。ARCH 模型对模型参数有相当强的限制。

4.2.2　GARCH 模型

虽然 ARCH 模型比较简单，但是常常需要很多参数才能对资产收益率的过程进行充分的描述。Bollerslev（1986）对 ARCH 进行了推广，提出了 GARCH 模型，也称为广义的 ARCH 模型。

GARCH 模型可以定义为：对于对数收益率序列 r_t，ε_t 表示为 r_t 在 t 时刻的新息或扰动，如果 ε_t 满足式（4-9），则称 ε_t 服从 GARCH(q,p) 模型

$$\varepsilon_t = r_t - \mu_t$$
$$\varepsilon_t = \sigma_t v_t \qquad\qquad (4-9)$$
$$\sigma_t^2 = \alpha_0 + \sum_{i=1}^{p} \alpha_i \varepsilon_{t-i}^2 + \sum_{j=1}^{q} \beta_j \sigma_{t-j}^2$$

其中，$\{v_t\}$ 是均值为 0、方差为 1 的独立同分布（iid）随机变量序列，$\alpha_0 > 0$，$\alpha_i \geq 0$，$i = 1, \cdots, p$。$\beta_j \geq 0, j = 1, \cdots, q$，为了保证 $\{\varepsilon_t^2\}$ 平稳，要求 $\sum_{i=1}^{\max(m,s)} (\alpha_i + \beta_i) < 1$。对 $\alpha_i + \beta_i$ 的限制能够保证 ε_t 具有有限的无条件方差，同时条件方差 σ_t^2 具有时变性。模型中的 α_i 称为 ARCH 参数，β_i 称为 GARCH 参数。

GARCH 模型的估计和 ARCH 模型的估计方法类似，通常实际中在假定 $\{v_t\}$ 服从标准正态分布、标准 t 分布或者是广义误差分布下，采用极大似然估计。GARCH 模型的检验仍然采用 ARCH 模型的检验方法，即 ARCH LM 检验和 Ljung - Box 检验。

GARCH 模型和 ARCH 模型相比，虽然解决了 ARCH 模型估计参数过多的缺点，但是 GARCH 模型仍然对正的"扰动"和负的"扰动"具有相同的反应。

4.2.3　GARCH 模型的扩展

GARCH 模型提出之后，很多学者对其进行了推广。Engle 和 Bollerslev（1986）提出单整 GARCH 模型（Intergrated GARCH Model，IGARCH）。在金融市场中，金融资产的收益应当与其所承担的风险成正比，也就是说风险越大，预期的收益就越高，因此一项资产具有较高可观测到的风险，就可以获得更高的平均收益。这种利用条件方差表示预期风险的模型是由 Engle，Lilien 和 Robins（1987）引入的，称为 GARCH – M 模型（ARCH – in – mean），也称为 ARCH 均值模型。

在金融市场中，经常可以发现资产的向下运动通常伴随着程度更强的向上运动这样的现象。Engle 和 Ng（1993）通过绘制了好消息和坏消息的非对称信息曲线，对这一现象给出合理的解释，认为金融市场中的冲击常常表现出一种非对称效应。这种非对称性允许波动率对市场下跌比对市场上升的反应更加迅速，被称为"杠杆效应"。这是许多金融资产的一个重要特征事实。因为较低的股价减少了股东权益，股价的大幅下降增加了公司的杠杆作用从而提高了持有股票的风险。许多研究人员发现了股票价格负的冲击比正的冲击更容易增加波动的非对称实例。TARCH 模型、EGARCH 模型和 PGARCH 模型是常用的能够描述非对称冲击的模型。为了资产收益率的正的和负的非对称效应能够在模型中体现，Nelson（1991）提出了 EGARCH 模型，又称为指数 GARCH 模型。TARCH 模型又称门限 ARCH 模型（Threshold ARCH Model）可以参见 Glosten，Jagannathan 和 Runkle（1993）以及 Zakoian（1994）。Ding，Granger 和 Engle（1993）提出了 PGARCH（Power ARCH）模型。

（1）IGARCH 模型。

如果将 GARCH 模型中的常数项去掉，并且方差方程的参数和限定为 1，GARCH 模型就转化成了 IGARCH（q，p）模型。

$$\varepsilon_t = r_t - \mu_t$$

$$\varepsilon_t = \sigma_t v_t$$

$$\sigma_t^2 = \sum_{i=1}^p \alpha_i \varepsilon_{t-i}^2 + \sum_{j=1}^q \beta_j \sigma_{t-j}^2$$

$$(4-10)$$

其中 $\sum_{i=1}^{p} \alpha_i + \sum_{j=1}^{q} \beta_j = 1$。

（2）GARCH – M 模型。

简单的 GARCH(1,1) – M 模型为

$$
\begin{aligned}
r_t &= \mu + c\sigma_t^2 \varepsilon_t \\
\varepsilon_t &= \sigma_t v_t \\
\sigma_t^2 &= \alpha_0 + \alpha_1 \varepsilon_{t-1}^2 + \beta_1 \sigma_{t-1}^2
\end{aligned}
\tag{4-11}
$$

其中 μ 和 c 是常数。参数 c 称为风险溢价参数。

（3）EGARCH 模型。

高阶的 EGARCH(q,p) 模型可以表示为

$$
\varepsilon_t = r_t - \mu_t
$$

$$
\varepsilon_t = \sigma_t v_t
$$

$$
\ln(\sigma_t^2) = \alpha_0 + \sum_{j=1}^{q} \beta_j \ln(\sigma_{t-j}^2) + \sum_{i=1}^{p} \alpha_i \left| \frac{\varepsilon_{t-i}}{\sigma_{t-i}} - E\left(\frac{\varepsilon_{t-i}}{\sigma_{t-i}} \right) \right| + \sum_{k=1}^{r} \gamma_k \frac{\varepsilon_{t-k}}{\sigma_{t-k}}
$$

$$
\tag{4-12}
$$

实际中，常用的是 EGARCH 模型的简单形式，其条件方差方程为

$$
\ln(\sigma_t^2) = \alpha_0 + \sum_{j=1}^{q} \beta_j \ln(\sigma_{t-j}^2) + \alpha_1 \left| \frac{\varepsilon_{t-1}}{\sigma_{t-1}} \right| + \gamma \frac{\varepsilon_{t-1}}{\sigma_{t-1}}
\tag{4-13}
$$

EGARCH 模型的优点是由于模型中条件方差方程描述的是 σ_t 的对数，因此不需要对模型施加更多的限制。

（4）TARCH 模型。

TARCH(q,p) 模型可以表示为

$$
\begin{aligned}
\varepsilon_t &= r_t - \mu_t \\
\varepsilon_t &= \sigma_t v_t \\
\sigma_t^2 &= \alpha_0 + \sum_{i=1}^{p} (\alpha_i + \gamma_i N_{t-i}) \varepsilon_{t-i}^2 + \sum_{j=1}^{q} \beta_j \sigma_{t-j}^2
\end{aligned}
\tag{4-14}
$$

其中，N_{t-i} 是虚拟变量，当 $\varepsilon_{t-i} < 0$ 时，$N_{t-i} = 1$；$\varepsilon_{t-i} \geq 0$ 时 $N_{t-i} = 0$。只要 $\gamma_i \neq 0$，就存在非对称效应。

实际中，经常使用的是 TARCH(1,1) 模型，其条件方差方程为

$$
\sigma_t^2 = \alpha_0 + \alpha_1 \varepsilon_{t-1}^2 + \beta \sigma_{t-1}^2 + \gamma N_{t-1} \varepsilon_{t-1}^2
\tag{4-15}
$$

TARCH$(1,1)$ 模型条件方差方程中的 $\gamma N_{t-1}\varepsilon_{t-1}^2$ 项称为非对称效应项，或 TARCH 项。条件方差方程表明前期的残差平方 ε_{t-1}^2 和条件方差 σ_{t-1}^2 的大小决定了 σ_t^2 大小。$\varepsilon_{t-i}\geqslant 0$（好消息）和 $\varepsilon_{t-i}<0$（坏消息）对条件方差具有不同的影响：好消息对条件方差 σ_t^2 有 α_1 倍的冲击，即 $\varepsilon_{t-i}\geqslant 0$ 时，不存在非对称项，所以好消息只有一个 α_1 倍的冲击；而坏消息则有一个（$\alpha_1+\gamma$）倍的冲击，这是因为当 $\varepsilon_{t-i}<0$ 时，$\varepsilon_{t-i}<0$，非对称效应出现，所以坏消息会对条件方差 σ_t^2 带来一个（$\alpha_1+\gamma$）倍的冲击。如果 $\gamma>0$，非对称效应的主要效果是使得波动加大，说明存在杠杆效应；如果 $\gamma<0$，则非对称效应的作用是使得波动减小。

（5）PGARCH 模型。

PGARCH 模型中的条件方差方程的形式为

$$
\varepsilon_t = r_t - \mu_t
$$
$$
\varepsilon_t = \sigma_t \upsilon_t \tag{4-16}
$$
$$
\sigma_t^\delta = \alpha_0 + \sum_{i=1}^p \alpha_i (|\varepsilon_{t-i}| - \gamma_i \varepsilon_{t-i})^\delta + \sum_{j=1}^q \beta_j \sigma_{t-j}^\delta
$$

其中，$\delta>0$；当 $i=1,2,\cdots,s$ 时（$s\leqslant p$），$|\gamma_i|\leqslant 1$；当 $i>s$ 时（$s\leqslant p$），$\gamma_i=0$。在 PGARCH 模型的条件方差方程中，δ 显示出冲击和条件方差的滞后项的影响幅度，是估计出的而不是指定的。而 γ_i 反应的是直到 S（$s\leqslant p$）阶的非对称效应参数。

4.2.4　资产收益率波动率模型建模步骤

对大多数金融资产收益率序列建立波动率模型，一般经过 4 个步骤：

（1）检验金融资产收益率序列的相关性，通过建立如 ARMA（q,p）模型之类的经济计量均值模型消除任何的线性依赖性。

（2）对均值方程的模型残差进行 ARCH 检验，判断模型条件方差序列是否存在 ARCH 效应。

（3）如果 ARCH 效应的存在统计显著，则对金融资产收益率序列建立波动率模型，对均值方程和波动率方程进行联合估计。

（4）检验模型结果，并对其改进。

对于大多数金融资产收益率序列来说，一般只存在较弱的序列相关性。如果数据样本均值显著不为零，建立均值方程的过程就是将样本均值从收益率序列中剔除的过程。对于金融资产的日收益率序列，建立 AR 模型对于消除线性依赖性是必要的。

4.3

VAR – MGARCH 模型

VAR – MGARCH（vector autoregressive multivariate，GARCH）模型是对单变量 ARMA – GARCH 模型的推广，是同时研究多元变量之间一阶矩和二阶矩的一种常用的模型。和 ARMA – GARCH 模型类似，VAR – MGARCH 模型也有两部分构成，即由描述多变量收益率之间关系的 VAR 模型和描述多变量收益波动率之间的相互关系的 MGARCH 模型构成。

向量自回归（vector autoregressive，VAR）模型可以用来对相关联的经济变量建模。VAR 模型把系统中的每一个内生变量作为系统中所有内生变量滞后值的函数来构造模型，从而将单变量自回归模型推广到多元时间序列变量组成的向量自回归模型。在 Engle（1982）提出的自回归条件异方差模型（autoregressive conditional heteroskedasticity model，ARCH 模型）的基础上，Bollerslev（1986）对 ARCH 模型进行了直接扩展形成 GARCH 模型。MGARCH 模型是对单变量 GARCH 模型的推广。

对 MGARCH multi 模型中的条件方差和条件协方差矩阵 H_t 的不同设定，形成了 MGARCH 模型的不同形式。Bauwens，Laurent 和 Rombouts（2006）对 MGARCH 模型的多种形式进行了总结，并分析了每种的适用领域。

考虑多元收益率序列 $\{r_t\}$ 为 $n \times 1$ 矩阵，滞后 P 阶的 VAR 模型表示为

$$r_t = \sum_{i=1}^{p} \Phi_i r_{t-i} + \mu_t + \varepsilon_t \quad (t = 1, 2, \cdots, n) \quad (4-17)$$

其中，r_t 为 n 维内生变量向量；μ_t 为 n 维误差向量。$\mu_t = E(r_t \mid F_{t-1})$ 为 r_t 在给定过去信息 F_{t-1} 下的条件期望，$\varepsilon_t = (\varepsilon_{1t}, \varepsilon_{2t}, \varepsilon_{3t}, \cdots, \varepsilon_{nt})'$ 是收益率序列在 t 时刻的扰动、冲击或新息。

假设在给定 F_{t-1} 下，ε_t 的均值为 0，ε_t 的条件方差矩阵是一个 $n \times n$ 的正定矩阵 H_t，定义为 $H_t = Cov(\varepsilon_t \mid F_{t-1})$。MGARCH 模型研究的是 H_t 随时间演

变的方式。

如果假定收益率序列数据为 $(r_1, r_2, \cdots, r_T)$，μ_t 的参数集为 Θ，H_t 的参数集为 Y，则 VAR – MGARCH 模型可以通过极大似然估计方法对所有参数联合估计，其似然函数为

$$\ln L(\Phi, \Theta, Y) = -\frac{Tn}{2}\ln(2\pi) - \frac{1}{2}\sum_{t=1}^{T}\ln(\,|\,H_t\,|\,) - \frac{1}{2}\sum_{t=1}^{T}(r_t - \mu_t)H_t^{-1}(r_t - \mu_t)'$$

$$(4-18)$$

4.3.1　多变量条件协方差模型（VEC 模型）

多变量条件协方差模型（Diagonal Vectorization Model，VECH）是由 Bollerslev，Engle 和 Wooldridge（1988）在对指数加权滑动平均方法推广的基础上提出的。VEC(m,s) 模型或称为 VAR(p) – DVEC(m,s) 模型的方差协方差矩阵 H_t 表示为

$$r_t = \mu_t + a_t, a_t \,|\, F_{t-1} \sim N(0, H_t)$$

$$\mu_t = \phi_0 + \sum_{l=1}^{p}\phi_l r_{t-l}$$

$$(4-19)$$

$$H_t = A_0 + \sum_{i=1}^{m}A_i \odot (a_{t-i}a'_{t-i}) + \sum_{j=1}^{s}B_j \odot H_{t-j}$$

其中，m 和 s 是非负整数，A_i 和 B_j 是对称矩阵，$\odot$ 表示矩阵中相应的元素相乘，即 Hadamard 乘积。二元 DVEC(1,1) 模型结构简单，方差协方差矩阵 H_t 的每个元素都服从 GARCH(1,1) 模型，H_t 只依赖于其过去值 H_{t-1} 和 $a_{t-1}a'_{t-1}$ 中的乘积项。但是二元 DVEC(1,1) 模型不允许波动率序列之间存在动态相依性，二元 DVEC(1,1) 模型具体为式（4–20）。

$$\begin{pmatrix} \sigma_{11,t} & \\ \sigma_{21,t} & \sigma_{22,t} \end{pmatrix} = \begin{pmatrix} A_{11,0} & \\ A_{21,0} & A_{22,0} \end{pmatrix} + \begin{pmatrix} A_{11,1} & \\ A_{21,1} & A_{22,1} \end{pmatrix} \odot \begin{pmatrix} a_{1,1-t}^2 & \\ a_{1,t-1}a_{2,t-1} & a_{2,1-t}^2 \end{pmatrix}$$

$$+ \begin{pmatrix} B_{11,1} & \\ B_{21,1} & B_{22,1} \end{pmatrix} \odot \begin{pmatrix} \sigma_{11,t-1} & \\ \sigma_{21,t-1} & \sigma_{22,t-1} \end{pmatrix}$$

$$(4-20)$$

$$\sigma_{11,t} = A_{11,0} + A_{11,1}a_{1,1-t}^2 + B_{11,1}\sigma_{11,t-1}$$

$$\sigma_{21,t} = A_{21,0} + A_{21,1}a_{1,t-1}a_{2,t-1} + B_{21,1}\sigma_{21,t-1}$$

$$\sigma_{22,t} = A_{22,0} + A_{22,1} a_{2,1-t}^2 + B_{22,1}\sigma_{22,t-1}$$

4.3.2　BEKK 模型

Engle 和 Kroner（1995）在综合 Baba，Engle，Kraft 和 Kroner 等（1991 年未发表手稿）工作的基础上首次提出 BEKK 模型。如果不考虑外生变量的影响，VAR(p) - BEKK(m,s) 模型表示为

$$r_t = \mu_t + a_t, a_t \mid F_{t-1} \sim N(0, H_t)$$

$$\mu_t = \phi_0 + \sum_{i=1}^p \phi_l r_{t-l} \tag{4-21}$$

$$H_t = CC' + \sum_{i=1}^m A_i (a_{t-i} a'_{t-i}) A'_i + \sum_{j=1}^s B_j H_{t-j} B'_j$$

其中，系数向量 ϕ_0 为 n×1 矩阵，系数向量 ϕ_l 为 $n \times n$ 矩阵，C 是下三角矩阵 $n \times n$ 矩阵，A 和 B 是 $n \times n$ 矩阵。ϕ_l 表示滞后收益向量 r_{t-l} 的系数矩阵，其中对角线上的元素表示同一变量收益间的溢出效应，ϕ_l 中非对角线上的元素表示不同变量收益间的溢出效应。矩阵 A 和矩阵 B 中对角线上的元素表示过去的冲击和方差对同一种变量条件方差的影响，即市场自身的波动溢出效应。矩阵 A 和矩阵 B 中非对角线上的元素表示过去的冲击和方差对不同变量条件方差的影响，即市场之间的波动溢出效应。

对模型结果进行检验使用 Ljung - Box Q 统计量。如果模型正确，那么模型结果的标准化残差序列和标准化残差平方序列都不应该存在自相关。一元 Ljung - Box Q 统计量渐进服从自由度为（m - g）的 χ^2 分布，g 为模型中解释变量的个数，原假设为模型标准化残差不存在序列自相关，也就是说残差序列为白噪声过程。把一元 Ljung - Box Q 统计量推广到多元情形，进行多元混成检验，$Q_k(m)$ 渐进服从一个自由度为 $k^2 m$ 的 χ^2 分布。多元 Ljung - Box Q 统计量的零假设为 $H_0 : \rho_1 = \cdots = \rho_m = 0$，备选假设为 H_a：对于某些 $i \in \{1, \cdots, m\}$，$\rho_i \neq 0$。多元混成检验是利用 $Q_k(m)$ 统计量检验向量序列 r_t 的自相关或交叉相关性，是对向量序列 r_t 的前 m 个交叉相关矩阵的一个联合检验。如果零假设被拒绝，则需对向量序列 r_t 建立多元模型来研究序列分量之间的引导 - 延迟关系。

4.3.3　不变条件相关系数模型（CCC 模型）

Bollerslev（1990）在研究欧洲货币体系中 5 个欧洲国家的汇率协同变动时提出不变条件相关系数模型（constant conditional correlation model，CCC 模型）。

一般来说，一个 $n \times n$ 方差协方差矩阵 H 可以分解为

$$H = \Delta R \Delta \qquad (4-22)$$

其中，R 为相关系数矩阵，Δ 为对角线上的元素为（σ_1，σ_2，$\cdots$，σ_n）的对角矩阵，σ_i（$i = 1$，2，$\cdots$，n）为第 i 个时间序列的标准差。Bollerslev（1990）假设外汇收益序列的相关系数矩阵在研究期内保持不变，提出 MGARCH 模型中方差协方差矩阵的形式为

$$H_t = \Delta_t R \Delta_t \qquad (4-23)$$

其中，R 为不变的条件相关系数矩阵，并且 Δ_t 的形式为

$$\Delta_t = \begin{pmatrix} \sigma_{1t} & & \\ & \ddots & \\ & & \sigma_{nt} \end{pmatrix} \qquad (4-24)$$

对于 $i = 1$，2，$\cdots$，n，σ_{it} 服从单变量 GARCH 过程，这个模型被称为不变条件相关系数模型。

4.3.4　动态条件相关模型（DCC 模型）

Tse 与 TsuI（2002）、Engle（2002）分别提出了动态条件相关模型（dynamic conditional correlation models，DCC 模型）克服了常相关系数假定的不合理性。与不变条件相关系数（CCC）模型相比，DCC 模型不再假设（4-23）式中的条件相关系数矩阵 R 在模型期间保持不变，而是遵循某种动态演变的过程。

对于 n 为收益序列，Tse 和 Tsui（2002）假定式（4-23）中的条件相关系数矩阵满足模型

$$R_t = (1 - \theta_1 - \theta_2) R + \theta_1 R_{t-1} + \theta_2 \psi_{t-1} \qquad (4-25)$$

其中，θ_1 和 θ_2 为标量参数，R 为单位对角 $n \times n$ 正定矩阵，ψ_{t-1} 为对于一个给定的 m，来自 $t-m$，$\cdots$，$t-1$ 的冲击而形成的 $n \times n$ 样本相关矩阵；并且假设

$0 \leqslant \theta_i < 1$ 和 $\theta_1 + \theta_2 < 1$，因此 R_t 对于任意的 t 都是正定矩阵。对于给定的 R，模型都是收敛的。

4.4

基于极值理论的 POT 模型

极值理论是研究次序统计量的极端值分布特性的理论，它可以准确地描述分布尾部的分位数。Embrechts，Klüppelberg 和 Mikoschet（1997）和 Coles（2001）对极值理论有详尽的探讨。极值理论主要包括两类模型：传统的分块样本极大值模型和 POT（Peaks Over Threshold）模型。传统的分块样本极大值模型是对大量同分布的样本分块后的极大值建立模型。但是分块样本极大值模型中子区间长度的选择没有给出清楚的定义，并且没有考虑其他解释变量的影响（Tsay，2010）。POT 模型有效地使用了有限的极端观测值，着重讨论对某个高门限的超出量和超出发生的时间（Smith，1989；Davision & Smith，1990）。

4.4.1 极值理论

令 X_1，X_2，…为风险或者损失的独立同分布（iid）的随机变量，具有未知的累积分布函数（cumulative distribution function，CDF）$F(x) = \Pr\{X_i \leqslant x\}$。为便于表述，本节将损失定义为正值和极端时间发生在收益序列分布的右尾。在 n 个样本中最坏情景的损失定义为 $M_n = \max(X_1, X_2, \cdots, X_n)$。由于 X_1，X_2，…为独立同分布（iid）的随机变量，因此 M_n 的累积分布函数为

$$\Pr\{M_n \leqslant x\} = \Pr\{X_1 \leqslant x, X_2 \leqslant x, \cdots, X_n \leqslant x\} = \prod_{i=1}^{n} F(x) = F^n(x)$$

$$(4-26)$$

由于 F^n 的具体形式是未知的，并且通常对 $F^n(x)$ 的经验估计并不能得到满意的结果，因此可以基于 Fisher – Tippet 定理（Fisher & Tippet，1928），对 M_n 进行渐近估计。当 $n \to \infty$ 且给定 x 时，$F^n(x) \to 0$ 或者 $F^n(x) \to 1$，基于标准化的极大值渐进估计量为

$$Z_n = \frac{M_n - \mu_n}{\sigma_n}$$

$$(4-27)$$

Fisher - Tippet 定理证明，如果式（4 - 27）表示的标准化的极大值渐进估计量收敛于非退化的分布函数，则这个分布函数一定是一般极值分布（generalized extreme value，GEV），其累积分布函数为

$$H_\xi(z) = \begin{cases} \exp\{-(1+\xi z)^{-1/\xi}\} & \xi \neq 0, 1+\xi z > 0 \\ \exp\{-\exp(-z)\} & \xi = 0, -\infty \leqslant z \leqslant \infty \end{cases} \qquad (4-28)$$

参数 ξ 称为形状参数，如果 $\xi > 0$ 参数 $\alpha = 1/\xi$ 称为分布的尾指数。式（4 - 4 - 3）所表示方程的极限分布是 Jenkinson（1955）对最大收益率的一般极值分布，具体包含 Gnedenko（1943）中三种类型的极限分布，分别为 Gumbel 族、Fréchet 族和 Weibull 族。那么，Fisher - Tippet 定理也可以表示为，对于足够大的 n

$$\Pr\{Z_n < z\} = Pr\left\{\frac{M_n - \mu_n}{\sigma_n} < z\right\} \approx H_\xi(z) \qquad (4-29)$$

如果令 $x = \sigma_n z + \mu_n$，那么

$$\Pr\{M_n < x\} \approx H_{\xi,\mu,\sigma}\left(\frac{x - \mu_n}{\sigma_n}\right) = H_{\xi,\mu_n,\sigma_n}(x) \qquad (4-30)$$

4.4.2　POT 模型

为了表示方便，遵循 Tsay（2010）的方法，利用一个正门限 η 以及收益率 r_t 分布的右侧来讨论 POT 模型，这相当于持有一个空头头寸。对于多头头寸，等价于 $r_t \leqslant -\eta$，$-\eta$ 变为一个负门限。令 η 表示某一指定充分大的阈值，对于样本数为 n 的资产对数收益率序列 r_t，超过阈值 η 的个数为 N_η。令（r_1, $r_2 \cdots$, r_N）表示超过阈值 η 的观察值，用（x_1, x_2, $\cdots$, x_N）表示相应的超出额，即 $x_i = r_i - \eta$，（$i = 1, 2, \cdots, N$）。给定 $r > \eta$ 条件下，$r \leqslant x + \eta$ 的条件分布为

$$F_\eta(x) = \Pr(r - \eta \leqslant x \mid r > \eta) = \frac{\Pr(\eta \leqslant r \leqslant x + \eta)}{\Pr(r > \eta)} = \frac{\Pr(r \leqslant x + \eta) - \Pr(r \leqslant \eta)}{1 - \Pr(r \leqslant \eta)}$$

$$(4-31)$$

Pickands - Balkema - de Haan 定理证明了存在参数 β，使得 $\lim\limits_{\eta \to r_0} \sup\limits_{0 \leqslant x \leqslant r_0 - \eta} |F_\eta(x) - G_{\xi,\beta(\eta)}(x)| = 0$。在阈值 η 较高的情况下，给定 $r > \eta$ 条件下，$r \leqslant x + \eta$ 的条件分布 $F_\eta(x)$ 可由广义帕累托分布（GPD）近似表示

$$G_{(\xi,\beta)}(x) = 1 - (1 + \xi x/\beta)^{-1/\xi}, (\xi \neq 0) \qquad (4-32)$$

$$G_{(\xi,\beta)}(x) = 1 - \exp(-x/\beta), (\xi = 0) \qquad (4-33)$$

其中，ξ、β 为分布函数的参数，$\beta > 0$；当 $\xi < 0$ 时，$0 \leqslant x \leqslant -\xi/\beta$；而当 $\xi \geqslant 0$ 时，$x \geqslant 0$。

广义帕累托分布（GPD）的估计采用极大似然估计方法。当 $\xi \neq 0$，其对数似然函数为

$$l(\xi, \beta(\eta)) = -N\ln(\beta(\eta)) - (1 + 1/\xi) \sum_{i=1}^{N} \ln(1 + \xi x_i / \beta(\eta)) \quad (4-34)$$

给定概率 $q > F(\eta)$，POT 模型下 VaR 的估计值为

$$VaR_q = \hat{r}_q = \eta + \frac{\hat{\beta}}{\hat{\xi}} \left(\left(\frac{n}{N_\eta} (1 - q) \right)^{-\xi} - 1 \right) \quad (4-35)$$

超过临界水平 VaR 时损失的期望值 ES 为

$$ES_q = E[r \mid r > VaR_q] = \frac{VaR_q}{1 - \hat{\xi}} + \frac{\hat{\beta} - \hat{\xi}\eta}{1 - \hat{\xi}} \quad (4-36)$$

4.5

关于金融危机对中国沪深 300 指数波动影响的实证研究

4.5.1 引言

股票市场中的收益与风险历来都是投资者和学者们关注的热点问题。在投资决策前，对未来股票市场风险大小的进行度量与预测是每个投资者必须面对的基本问题。在金融市场中方差代表市场的波动与风险。一般地说，股票市场价格波动往往表现出异方差特性。股票市场价格方差呈现显著的波动性、聚类性和持续性。这种波动性不仅随时间变化而变化，而且在某一时间段内往往表现出偏高或者偏低的趋势和持续性及长记忆性特点。如果当期股票市场价格波动大，那么下期股票市场价格波动也较大，而且会表现出随偏离当期收益率均值的程度，波动性加强或减弱。如果当期股票市场波动小，除非当期的收益率严重偏离均值，一般来说下一期波动也会小。因此，对股票市场价格异方差建模，为刻画市场波动性、描述与防范风险以及资产定价等提供了有力工具。异方差建模成为计量经济学和金融研究的热点之一。

本节利用 GARCH 模型对我国股票市场沪深 300 指数的收盘数据序列的波

动性进行模拟。为了分析比较由美国次级债引发的金融危机前后对我国股票市场波动影响，以 2008 年 9 月 12 日为分界点，将数据样本分为两个子区间分别进行研究。

4.5.2　数据来源与描述统计

选择 2005 年 1 月 4 日至 2011 年 6 月 30 日期间，我国股票市场沪深 300 指数的收盘数据序列，共 1576 个数据作为研究对象。数据来源于雅虎财经网站数据库（http：//stock. cn. yahoo. com/）。在分析比较由美国次级债引发的金融危机前后对我国股票市场波动的影响，以 2008 年 9 月 12 日为分界点，将数据样本分为两个子区间分别进行研究。危机前数据样本包括由 2005 年 1 月 4 日至 2008 年 9 月 12 日，共 899 个数据。危机后据样本包括由 2008 年 9 月 15 日至 2011 年 6 月 30 日，共 678 个数据。

以 P 代表各类指数每日收盘数据，r_t 表示每日收益率序列

$$r_t = 100 \times \left[\ln(P_t) - \ln(P_{t-1}) \right] \tag{4-37}$$

表 4-1 显示了整个数据样本和危机前后两个子区间指数每日收益率序列的描述统计结果。

表 4-1　　　　　中国沪深 300 指数收益序列描述统计结果

	所有数据	危机前	危机后
均值	0.071781	0.083373	0.056406
中值	0.207885	0.217947	0.188068
最大值	8.930877	8.881312	8.930877
最小值	-9.69517	-9.69517	-7.7074
标准差	2.024352	2.069443	1.964358
偏度	-0.41256	-0.49662	-0.28373
峰度	5.413783	5.614803	5.057454
J-B 统计量	427.0326	292.7372	128.4927
总和	113.0558	74.86894	38.18683
累计方差	6450.251	3841.487	2608.484
观测值数	1575	898	677

由图 4 - 1 可知，危机前数据样本均值和样本标准差都大于危机发生后数据样本均值。样本偏度统计显示出，金融危机爆发前后和整个数据样本的偏度均为负值，显示出三个样本的收益率分布具有右拖尾分布的特点。样本峰度统计表明所有序列都具有"尖峰厚尾"的分布特性。J – B 统计量表明所有类别指数收益序列的分布都显著不同于正态分布。

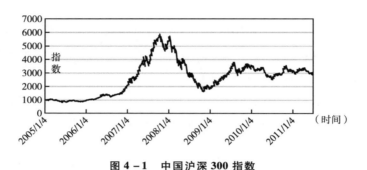

图 4 – 1   中国沪深 300 指数

4.5.3   实证结果与分析

（1）平稳性检验。

在对中国沪深 300 指数对数收益率建模分析时，首先对中国沪深 300 指数的对数价格序列 $\ln(P_t)$ 和对数收益率序列 r_t 的平稳性进行检验。检验方法采用 ADF（Augmented Dickey – Fuller）检验法。滞后期数的选择上，参照 SC（Schwarz information Criterion）准则。根检验的结果如表 4 – 2 所示。

表 4 – 2   中国沪深 300 指数对数序列和对数收益率序列平稳性检验

			LN(P_t)				r_t	
所有数据	ADF 检验		t 统计量	P 值	ADF 检验		t 统计量	P 值
			– 1.44	0.56			– 38.73	0
	显著性水平	1%	– 3.43		显著性水平	1%	– 3.43	
		5%	– 2.86			5%	– 2.86	
		10%	– 2.57			10%	– 2.57	

续表

			$LN(P_t)$				r_t	
危机前	ADF 检验		t 统计量	P 值	ADF 检验		t 统计量	P 值
			-1.02	0.75			-29.07	0
	显著性水平	1%	-3.44		显著性水平	1%	-3.44	
		5%	-2.86			5%	-2.86	
		10%	-2.57			10%	-2.57	
危机后	ADF 检验		t 统计量	P 值	ADF 检验		t 统计量	P 值
			-1.98	0.30			-25.62	0
	显著性水平	1%	-3.44		显著性水平	1%	-3.44	
		5%	-2.87			5%	-2.87	
		10%	-2.57			10%	-2.57	

结果显示，在 5% 的显著性水平下，$\ln(P_t)$ 为 $I(1)$ 序列，即含有 1 个单位根；r_t 为 $I(0)$ 序列，即不含单位根，为平稳序列。

(2) 中国沪深 300 指数对数收益率序列 Garch 模型估计。

①中国沪深 300 指数对数收益率序列 ARMA(p,q) 模型。

首先不考虑金融危机的影响，利用2005 年 1 月 4 日至 2011 年 6 月 30 日期间的所有数据样本对中国沪深300 指数对数收益率系列的波动性进行分析。表 4-3 显示了其自相关系数（Autocorrelations，AC）、偏自相关系数（Partial Autocorrelations，PAC）、Q 统计量以及相应的概率值（P 值）。

表 4-3　　r_t 自相关系数和偏自相关系数

	AC	PAC	Q-Stat	Prob		AC	PAC	Q-Stat	Prob
1	0.023	0.023	0.8604	0.354	10	0.031	0.035	18.157	0.052
2	-0.019	-0.02	1.451	0.484	11	0.048	0.046	21.85	0.026
3	0.049	0.05	5.2255	0.156	12	0.039	0.039	24.217	0.019
4	0.061	0.059	11.153	0.025	13	0.048	0.049	27.86	0.009
5	0	0	11.153	0.048	14	0.004	-0.007	27.88	0.015
6	-0.05	-0.05	15.065	0.02	15	0.067	0.059	34.932	0.003
7	0.025	0.021	16.041	0.025	16	-0.013	-0.022	35.203	0.004
8	-0.011	-0.018	16.236	0.039	17	-0.029	-0.03	36.557	0.004
9	-0.017	-0.01	16.672	0.054	18	0.049	0.047	40.329	0.002

续表

	AC	PAC	Q－Stat	Prob		AC	PAC	Q－Stat	Prob
19	－0.005	－0.009	40.377	0.003	28	0.032	0.031	47.554	0.012
20	－0.024	－0.019	41.329	0.003	29	－0.005	－0.006	47.593	0.016
21	－0.007	－0.001	41.415	0.005	30	－0.005	－0.006	47.63	0.022
22	0.045	0.033	44.653	0.003	31	0.033	0.028	49.363	0.019
23	0.01	0.004	44.813	0.004	32	－0.024	－0.023	50.319	0.021
24	0.005	0.011	44.852	0.006	33	－0.048	－0.054	53.971	0.012
25	－0.013	－0.028	45.119	0.008	34	0.03	0.031	55.429	0.012
26	0.016	0.004	45.528	0.01	35	0.063	0.061	61.835	0.003
27	0.015	0.013	45.904	0.013	36	－0.037	－0.034	64.068	0.003

由表4－3可知，数据样本期间中国沪深300指数对数收益率在5%显著水平线，滞后4阶存在序列相关性。

对 R_t 序列建立 ARMA(p,q) 模型，参照 AIC 准则和 BIC 准则，选择 AR-MA(1,1) 模型。表4－4显示了模型估计结果。ARMA(1,1) 模型结果的条件异方差性 ARCH LM 检验结果可知，拒绝模型结果残差序列不存在 ARCH 效应的原假设，即 ARMA(1,1) 模型结果的残差序列中存在条件异方差性。也就是说，应该对中国沪深300指数对数收益率序列建立 GARCH 模型。

表4－4　中国沪深300指数对数收益率 ARMA(1,1) 模型估计结果

变量	系数	标准差	t 统计量	P 值
R_{t-1}	－0.8345	0.1709	－4.8823	0
MA(1)	0.8571	0.1598	5.364	0
R^2	0.0004	AIC 准则		4.2503
Ad R^2	－0.0002	SC 准则		4.2572
对数似然值	－3343.021	HQ 准则		4.2529
DW 统计量	1.9929	Inverted MA Roots		－0.86
模型结果的条件异方差检验				
F 统计量	25.18653	概率值 F (1, 1571)		0
$T \times R^2$ 统计量	24.82066	概率值 Chi－Square (1)		0

②中国沪深 300 指数对数收益率序列 GARCH 模型。

$$r_t = \phi_0 + \phi_1 r_{t-3} + \varepsilon_t$$
$$\varepsilon_t = \sigma_t v_t \qquad\qquad (4-38)$$
$$\sigma_t^2 = \alpha_0 + \alpha_1 \varepsilon_{t-1}^2 + \beta_1 \sigma_{t-1}^2$$

由于 Q 统计量检验表明，中国沪深 300 指数对数收益率序列在滞后四阶之后存在自相关，经过选择不同形式的均值方程，结合模型估计结果的 AIC 准则和 SC 准则，以及模型残差序列和残差平方序列的 Q 统计量检验，最后确定选择式（4-38）所表示的 AR(3) - GARCH(1,1) 模型模拟中国沪深 300 指数对数收益率序列。模型结果如表 4-5 所示。

表 4-5　　　　　　　AR（3）- GARCH（1, 1）模型估计结果

参数	参数值	标准差	Z 统计量	概率值 P
ϕ_0	0.083	0.0387	2.1445	0.032
ϕ_1	0.0517	0.0262	1.9747	0.0483
α_0	0.0358	0.0096	3.7383	0.0002
α_1	0.0574	0.0076	7.5982	0
β_1	0.9349	0.0081	116.0681	0
AIC 值	4.066	SC 值		4.083
对数似然函数值		-3190.905		
残差异方差检验（Heteroskedasticity Test: ARCH）				
F - statistic	0.271027	Prob. F (1, 1569)		0.6027
Obs * R - squared	0.271325	Prob. Chi - Square (1)		0.6024

模型结果残差平方序列 ARCH 检验显示，AR(3) - GARCH(1,1) 模型很好的消除了中国沪深 300 指数对数收益率残差序列的相关性。在 99% 的置信水平下 α_1 和 β_1 的检验结果是显著的，且系数估计值 $\alpha_1 + \beta_1 = 0.9923 < 1$，服从二阶平稳的条件。模型结果显示 AR(3) - GARCH(1,1) 模型很好的模拟了中国沪深 300 指数对数收益率序列的波动。对中国沪深 300 指数对数收益率序列建立 GARCH - M 模型、TARCH 模型、EGARCH 模型和 PARCH 模型，结果显示中国沪深 300 指数对数收益率序列不满足建模要求。

（3）金融危机前中国沪深 300 指数对数收益率序列 Garch 模型估计。

①金融危机前中国沪深 300 指数对数收益率序列 ARMA(p,q) 模型。

利用金融危机前数据样本，包括中国沪深 300 指数的收盘价格由 2005 年 1

月 4 日至 2008 年 9 月 12 日，共 899 个数据，研究我国股票市场波动特征。对收益率序列进行序列相关检验，检验结果略。检验结果表明数据样本期间，中国沪深 300 指数收益率序列存在序列相关性。

对中国沪深 300 指数收益率序列建立均值方程以消除序列相关性。对 r_t 序列建立 ARMA(p,q) 模型，参照 AIC 准则和 BIC 准则，选择 ARMA(6,4) 模型。表 4 - 6 显示了模型估计结果。表 4 - 7 显示了模型结果残差序列和残差平方序列的 Q 统计量检验结果。

表 4 - 6　中国沪深 300 指数对数收益率 ARMA ARMA(6,4) 模型估计结果

变量	系数	标准差	t 统计量	P 值
R_{t-3}	0.072787	0.033451	2.175942	0.0298
R_{t-4}	− 0.06964	0.033493	− 2.079206	0.0379
R_{t-6}	− 0.06145	0.033502	− 1.834223	0.067
MA（4）	0.14508	0.002171	66.83453	0
R^2	0.01337	AIC 准则		4.292802
对数似然值	− 1910.59	SC 准则		4.314297
DW 统计量	1.945779	HQ 准则		4.301017

由表 4 - 7 显示的模型结果残差序列和残差平方序列的 Q 统计量检验结果可知，残差序列 Q（12）统计量的概率 P 值为 0.211，可以认为 ARMA(6,4) 模型消除了中国沪深 300 指数收益率序列中存在的序列相关性。残差平方序列 Q 统计量显示出，模型的残差平方序列存在自相关性，需要对中国沪深 300 指数收益率序列建立 GARCH 波动率模型。

表 4 - 7　　　ARMA(6,4) 模型残差序列和残差平方序列相关性检验

	残差序列					残差平方序列			
	AC	PAC	Q - Stat	Prob		AC	PAC	Q - Stat	Prob
1	0.026	0.026	0.5937		1	0.107	0.107	10.254	
2	− 0.027	− 0.028	1.2457	0.264	2	0.092	0.082	17.878	0
3	− 0.001	0	1.2472	0.536	3	0.091	0.074	25.23	0
4	0	0	1.2472	0.742	4	0.129	0.109	40.272	0
5	0.025	0.025	1.8013	0.772	5	0.121	0.09	53.531	0
6	0.003	0.002	1.8085	0.875	6	0.109	0.071	64.161	0

续表

	残差序列					残差平方序列			
	AC	PAC	Q – Stat	Prob		AC	PAC	Q – Stat	Prob
7	0.017	0.018	2.0693	0.913	7	0.114	0.073	75.943	0
8	− 0.027	− 0.028	2.7503	0.907	8	0.154	0.108	97.282	0
9	− 0.003	− 0.001	2.761	0.948	9	0.058	− 0.003	100.31	0
10	0.037	0.036	4.0316	0.909	10	0.09	0.037	107.63	0
11	0.101	0.099	13.289	0.208	11	0.07	0.013	112.09	0
12	0.035	0.032	14.413	0.211	12	0.098	0.039	120.78	0
13	0.07	0.076	18.806	0.093	13	0.095	0.039	128.98	0
14	0.061	0.061	22.171	0.053	14	0.126	0.072	143.45	0
15	0.05	0.053	24.424	0.041	15	0.067	0.005	147.51	0
16	− 0.05	− 0.054	26.698	0.031	16	0.098	0.04	156.27	0
17	− 0.021	− 0.019	27.104	0.04	17	0.048	− 0.011	158.33	0
18	0.062	0.056	30.583	0.022	18	0.108	0.049	168.93	0
19	− 0.029	− 0.031	31.331	0.026	19	0.067	0.006	173.04	0
20	− 0.039	− 0.04	32.687	0.026	20	0.061	− 0.003	176.43	0
21	− 0.013	− 0.016	32.836	0.035	21	0.064	0.006	180.23	0
22	0.059	0.05	36.03	0.022	22	0.074	0.013	185.23	0
23	0.053	0.041	38.582	0.016	23	0.056	0.004	188.1	0
24	0.091	0.074	46.17	0.003	24	0.066	0.011	192.08	0
25	− 0.061	− 0.085	49.559	0.002	25	0.098	0.055	200.92	0
26	0.03	0.029	50.382	0.002	26	0.137	0.08	218.13	0
27	0.026	0.019	50.997	0.002	27	0.07	0.016	222.66	0
28	0.053	0.045	53.553	0.002	28	0.013	− 0.051	222.81	0
29	0.02	0.004	53.918	0.002	29	0.037	− 0.017	224.09	0
30	− 0.035	− 0.017	55.038	0.002	30	0.157	0.104	246.96	0
31	− 0.009	0.002	55.11	0.003	31	0.052	− 0.012	249.46	0
32	− 0.022	− 0.018	55.562	0.004	32	0.038	− 0.026	250.79	0
33	− 0.046	− 0.069	57.506	0.004	33	0.026	− 0.03	251.41	0
34	0.011	0.007	57.612	0.005	34	0.084	0.025	257.94	0
35	0.051	0.034	59.991	0.004	35	0.078	0.034	263.6	0
36	0.001	− 0.01	59.993	0.005	36	0.111	0.074	275.17	0

②金融危机前中国沪深 300 指数对数收益率序列 GARCH 模型。

由 Q 统计量检验表明，金融危机前中国沪深 300 指数对数收益率序列的 ARMA（6，4）模型残差平方序列存在 ARCH 效应。选择不同形式的均值方程，结合模型估计结果的 AIC 准则和 SC 准则，最后确定选择式（4 – 39）所表示的 ARMA(6,4) – GARCH(1,1) 模型的估计结果如表 4 – 8 所示。

表 4 – 8　　　　　　ARMA(6,4) – GARCH(1,1) 模型估计结果

参数	参数值	标准差	Z 统计量	概率值 P
ϕ_1	0.045889	0.023332	1.966812	0.0492
ϕ_2	– 0.76061	0.063204	– 12.0343	0
ϕ_3	– 0.04859	0.022967	– 2.11574	0.0344
θ_1	0.799162	0.058462	13.66987	0
α_0	0.042093	0.012525	3.360646	0.0008
α_1	0.070441	0.011479	6.136423	0
β_1	0.923413	0.010605	87.07393	0
AIC 值	4.082777	SC 值		4.120394
对数似然函数值		– 1813.919		
残差异方差检验（Heteroskedasticity Test：ARCH）				
F – statistic	0.000593	Prob. F (1, 889)		0.9806
Obs * R – squared	0.000595	Prob. Chi – Square (1)		0.9805

由表 4 – 8 显示的估计结果和检验结果可知，模型结果残差平方序列 ARCH 检验显示，ARMA(6,4) – GARCH(1,1) 模型很好的消除了中国沪深 300 指数对数收益率残差序列的相关性。在 99% 的置信水平下 α_1 和 β_1 的检验结果是显著的，且系数估计值 $\alpha_1 + \beta_1 < 1$，服从二阶平稳的条件。模型结果显示 ARMA(6,4) – GARCH(1,1)，模型很好的模拟了中国沪深 300 指数对数收益率序列的波动。

$$r_t = \phi_1 r_{t-3} + \phi_2 r_{t-4} + \phi_3 r_{t-6} + \theta_1 \varepsilon_{t-4} + \varepsilon_t$$

$$\varepsilon_t = \sigma_t v_t \qquad\qquad (4 – 39)$$

$$\sigma_t^2 = \alpha_0 + \alpha_1 \varepsilon_{t-1}^2 + \beta_1 \sigma_{t-1}^2$$

③金融危机前中国沪深 300 指数对数收益率序列 ARCH – M 模型。

金融理论表明，金融资产的收益与其承担的风险成正比，风险越大，预期

的收益就越高。金融资产如果具有可观察到的、较高的风险，就应该获得与之相应的更高的平均收益。由 Engle，Lilien 和 Robins（1987）引入的 ARCH－M（ARCH－in－Mean）模型或称 ARCH 均值模型能够利用条件方差表示预期风险的模型。对中国沪深 300 指数对数收益率序列建立 TARCH 模型、EGARCH 模型和 PARCH 模型，结果显示金融危机前中国沪深 300 指数对数收益率序列不满足建模要求。

利用 ARCH－M 模型对金融危机前的中国沪深 300 指数对数收益率序列数据的模拟结果如表 4－9 所示。由表 4－9 显示的统计结果可知，参数 C 的值为 0.0339，在 5% 显著水平下统计显著。说明金融危机前，中国沪深 300 指数收益率具有 ARCH－M 效应，即较高风险能够获得较大的收益。

$$r_t = \phi_1 r_{t-3} + \phi_2 r_{t-4} + c\sigma_t^2 \varepsilon_t$$
$$\varepsilon_t = \sigma_t \upsilon_t \qquad\qquad (4-40)$$
$$\sigma_t^2 = \alpha_0 + \alpha_1 \varepsilon_{t-1}^2 + \beta_1 \sigma_{t-1}^2$$

表 4－9　　　　　　　中国沪深 300 指数 ARCH－M 模型估计结果

参数	系数	标准差	Z 统计量	概率值 P
ϕ_1	0.069586	0.033456	2.079941	0.0375
ϕ_2	0.067683	0.031777	2.129904	0.0332
C	0.033901	0.014164	2.393432	0.0167
α_0	0.036632	0.020292	1.805251	0.071
α_1	0.066614	0.017828	3.7364	0.0002
β_1	0.929407	0.017562	52.92051	0
AIC 值	4.036287	SC 值		4.120394
对数似然函数值		-1797.22		
残差异方差检验（Heteroskedasticity Test：ARCH）				
F－statistic	0.015344	Prob. F（1，891）		0.9014
Obs * R－squared	0.015378	Prob. Chi－Square（1）		0.9013

（4）金融危机后中国沪深 300 指数对数收益率序列 Garch 模型估计。

金融危机后中国沪深 300 指数对数收益率序列 GARCH 模型。利用金融危机后的数据样本，包括中国沪深 300 指数的收盘价格由 2008 年 9 月 15 日至 2011 年 6 月 30 日，共 678 个数据，研究我国股票市场波动特征。对收益率序列进行序列相关检验，检验结果略。检验结果表明数据样本期间，中国沪深300 指数收益率序列不存在序列相关性。因此，对样本数据序列建立 Garch 模型，估计结果如表 4 – 10 所示。

$$r_t = \mu + \varepsilon_t$$
$$\varepsilon_t = \sigma_t \upsilon_t \qquad\qquad (4-41)$$
$$\sigma_t^2 = \alpha_0 + \alpha_1 \varepsilon_{t-1}^2 + \beta_1 \sigma_{t-1}^2$$

表 4 – 10　　　　　中国沪深 300 指数 ARCH – M 模型估计结果

参数	系数	标准差	Z 统计量	概率值 P
μ	0.038867	0.068106	0.570687	0.5682
α_0	0.065092	0.023467	2.773788	0.0055
α_1	0.039475	0.010252	3.850266	0.0001
β_1	0.936743	0.015039	62.28737	0
AIC 值	4.02779	SC 值		4.054482
对数似然函数值		−1359.407		
残差异方差检验（Heteroskedasticity Test：ARCH）				
F – statistic	1.9953	Prob. F（1, 674）		0.1582
Obs * R – squared	1.995314	Prob. Chi – Square（1）		0.1578

　　由表 4 – 10 显示的估计结果和检验结果可知，模型结果残差平方序列 ARCH 检验显示，GARCH(1, 1) 模型很好的消除了金融危机后中国沪深 300 指数对数收益率残差序列平方的相关性。在 99% 的置信水平下 α_1 和 β_1 的检验结果是显著的，且系数估计值 $\alpha_1 + \beta_1 < 1$，服从二阶平稳的条件。模型很好的模拟了金融危机后中国沪深 300 指数对数收益率序列的波动。

　　对中国沪深 300 指数对数收益率序列建立 GARCH – M 模型、TARCH 模型、EGARCH 模型和 PARCH 模型，结果显示金融危机后的中国沪深 300 指数对数收益率序列不满足建模要求。

4.5.4　结　论

　　本节利用 GARCH 模型对我国股票市场沪深 300 指数的收盘数据序列的波动性进行了模拟，数据样本期间为 2005 年 1 月 4 日至 2011 年 6 月 30 日，共

1576 个数据。结果表明中国沪深 300 指数的收盘数据序列存在 GARCH 效应。为了分析比较由美国次级债引发的金融危机前后对我国股票市场波动影响，以 2008 年 9 月 12 日为分界点，将数据样本分为两个子区间分别进行研究。危机前数据样本包括由 2005 年 1 月 4 日至 2008 年 9 月 12 日，共 899 个数据。危机后据样本包括由 2008 年 9 月 15 日至 2011 年 6 月 30 日，共 678 个数据。结果显示，金融危机前后，中国沪深 300 指数的收盘数据序列都存在 GARCH 效应。但是对三个数据样本序列分别建立 GARCH – M 模型、TARCH 模型、EGARCH 模型和 PARCH 模型，结果表明只有金融危机前数据样本满足 GARCH – M 模型建模要求。研究表明，金融危机的发生，对我国股票市场的波动形式产生了影响，导致波动形式发生了变化。

4.6

基于 VAR 模型关于中国与主要贸易伙伴之间汇率联动的实证研究

4.6.1　引言

近年来，经济全球化与互联网的广泛应用，已经加速了世界金融市场的一体化。世界各金融市场相互依赖、彼此影响，使得单个市场的价格运动能够迅速地扩散到另外的市场。单个汇率的波动可以通过不同汇率之间的连锁反应机制而传递。

2005 年 7 月 21 日，我国对人民币汇率形成机制进行了重大改革，开始实行浮动汇率制度，从单一钉住美元的汇率制度转变为以市场供求为基础、参考一篮子货币进行调节、有管理的浮动汇率制度。人民币汇率形成机制的市场化改革势必对全球特别是亚洲地区各币种汇率波动产生巨大影响。本书致力于研究人民币和东亚地区主要货币汇率之间的相互联系和不同汇率之间波动的传导效应。

自从 Granger（1981，1986）提出协整分析方法以来，特别是 Engle 和 Granger（1987）建立向量误差修正模型以来，已有多位学者对汇率之间的动态联系进行了研究。Hakkio 和 Rush（1989），MacDonald 和 Talyor（1989），Baillie 和

Bollerslev（1989）最早将协整分析应用于外汇市场的研究。Sephton 和 Larsen（1991），Barkoulas 和 Baum（1997）的研究表明接受或拒绝不存在协整关系的原假设，在很大程度上依赖于数据样本区间的选择。Hurley 和 Santos（2001）研究表明东盟国家汇率之间存在联动关系。Nikkinen，Sahlstrom 和 Vahamaa（2006）研究表明，欧元、英镑和瑞士法郎等三种欧洲主要货币兑美元汇率的隐含波动率之间存在显著的动态联系。Phengpis（2006）对金融危机期间欧洲和亚洲货币汇率进行了研究。Kühl（2007）发现在欧元兑美元汇率和英镑兑美元汇率之间满足无套利条件时，二者之间仍然存在长期的协整关系。Shachmurove 和 Shachmurove（2008）利用 1995 年至 2004 年的汇率数据，研究了亚太地区 12 种货币汇率之间的动态联系，研究结果表明，中国人民币汇率和其他货币汇率之间存在相互影响的关系。这表明人民币汇率在汇率形成机制改革之前已经和亚太地区其他币种汇率之间存在动态联系。Kühl（2010）发现采用浮动汇率机制的主要货币汇率之间满足无套利条件，并存在协整关系。

此外，Engle 和 Hamilton（1990），Ito 和 Engle 等（1992）的研究都发现同一种汇率在不同交易市场的波动率之间存在明显的动态联系。Cai 等（2008）利用欧元兑美元汇率和美元兑日元汇率的每分钟交易数据，研究表明汇率变动信息在全球外汇交易市场存在溢出效应。

由于人民币市场化改革时间较短，我国学者对于汇率之间的动态联系研究较晚。丁剑平与杨飞（2007）通过对区域货币联动性研究发现，东北亚是人民币、日元和韩元影响范围，东南亚是新加坡元的影响范围。张国梁（2008）认为单个汇率的变动会通过连锁反应机制立刻引起所有其他与之相关的汇率随之发生变动，其他汇率的变动又会反作用于该汇率，促使此种汇率发生进一步的变动，这种不同汇率之间的相互影响和相互作用过程会持续进行下去，从而使单个汇率最初的意外波动持续下去，并扩散到整个汇率市场，最后放大了整个汇率市场的波动幅度。苏应蓉、徐长生（2009）认为东亚地区长期以来没有汇率合作机制，汇率制度主动协调不明显，但其汇率波动相关性却不断加强。黄益平（2009）研究发现 2008 年全球金融危机爆发以后，亚洲货币的汇率经历了一个非常动荡的阶段，亚洲各国汇率的走势表现出很大的差异性。郭珺、滕柏华（2011）从人民币国际化的角度，探讨了人民币与美元、欧元和日元之间的动态联系。

汇率之间的变动无疑会影响到双边乃至多边贸易状况的调整。本书选择与我国大陆贸易量前五位的贸易伙伴的汇率和人民币汇率作为研究对象。我国的五大贸易伙伴依次为：欧盟、美国、日本、东盟和中国香港。本书使用新加坡元作为东盟国家货币的代表。因此，本书研究的是人民币、欧元、美元、日元、新加坡元和港元之间的汇率动态联系。利用单位根检验和 Granger 因果关系检验和协整检验的结果，建立向量误差修正模型，并对模型进行脉冲响应函数和方差分解分析。

4.6.2　模型结构与数据说明

（1）模型结构。

Engle 和 Granger（1987）指出两个或多个非平稳时间序列的线性组合可能是平稳的，将协整和误差修正模型（error correction model，ECM）结合起来，建立了向量误差修正模型（vector error correction model，VEC），简称 VEC 模型。

①协整。

协整（co - integration）是用来描述两个或多个序列之间平稳关系的一种方法。大多数金融时间序列是非平稳的，然而非平稳的时间序列的线性组合可能是平稳序列，表明这些非平稳的经济变量间具有长期稳定的关系，这种组合后平稳的序列称为协整方程。

当 K 维向量 $y = (y_1, y_2, \cdots, y_t)'$ 满足 $y \sim I(d)$，要求 y 的每个分量 $y \sim I(d)$ 并且存在非零向量 B，使得 $\beta' y \sim I(d - b)$，$0 < b \leqslant d$，K 维向量 $y = (y_1, y_2, \cdots, y_t)'$ 的分量间被称为 d、b 阶协整，记为 $y \sim CI(d, b)$。

②向量误差修正模型。

向量自回归（vector autoregressive，VAR）模型可以用来对相关联的经济变量间建模。VAR 模型把系统中的每一个内生变量作为系统中所有内生变量滞后值的函数来构造模型，从而将单变量自回归模型推广到多元时间序列变量组成的向量自回归模型。向量误差修正模型（Vector Error Correction，VEC）和 VAR 模型都是非结构化的多方程模型。当变量间存在协整关系时，可以构建 VEC 模型。VEC 模型是带有协整约束的 VAR 模型。

滞后 P 阶的 VAR 模型表示为

$$y_t = A_1 y_{t-1} + A_2 y_{t-2} + \cdots + A_p y_{t-p} + Bx_t + \mu_t \quad (t = 1, 2, \cdots, n) \quad (4-42)$$

其中，y_t 为 k 维内生变量向量，x_t 为 d 维外生变量向量，μ_t 为 k 维误差向量，A 和 B 为待估系数矩阵。

如果不考虑式（4-42）中的外生变量 x_t，变量 y_t 的一阶单整过程 $I(1)$ 经过差分后变为零阶单整过程 $I(0)$，即可得到的向量误差修正模型。

$$\Delta y_t = aecm_{t-1} + \sum_{i=1}^{p-1} \Gamma_i \Delta y_{t-i} + \mu_t \quad (t = 1, 2, \cdots, n) \qquad (4-43)$$

其中 $\Gamma_i = -\sum^{p} A_j$，$ecm_{t-1} = \beta' y_{t-1}$，$\Delta y_t$ 和 Δy_{t-j}（j = 1，2，$\cdots$，p）都是由 $I(0)$ 变量构成的向量。误差修正项 ecm_{t-1} 反映出变量间长期均衡关系。系数向量 α 反映出变量间均衡关系偏离长期均衡状态时，将其调整到均衡状态的调整力度。误差修正模型等式右侧的变量差分项的系数反映了各变量间的短期波动对被解释变量的短期变化的影响。

（2）数据描述。

2009 年度中国的五大贸易伙伴依次为：欧盟、美国、日本、东盟和中国香港。本书以新加坡作为东盟国家代表，选取人民币、欧元、美元、日元、新加坡元和港元等 6 种货币兑英镑汇率为样本。数据来源于英格兰银行网站（http：//www. bankofengland. co. uk）。数据库公布的人民币汇率改革以来的各种货币兑英镑的即期汇率（Spot Exchange Rates）每日数据。各种货币兑英镑的即期汇率指每工作日下午 4 点左右，由伦敦银行同业市场外汇交易台的中间汇率报价。样本数据期间为 2005 年 7 月 21 至 2010 年 10 月 29 日。每种货币1336 个数据用于分析。对每种货币兑英镑的汇率序列进行取对数和对数差分处理。用 LCH，LEU，LUS，LYE，LSN 和 LHK 分别表示人民币、欧元、美元、日元、新加坡元和港元等 6 种货币兑英镑的汇率的对数序列；用 RCH，REU，RUS，RYE，RSI 和 RHK 分别表示人民币、欧元、美元、日元、新加坡元和港元等 6 种货币兑英镑的汇率的对数差分序列，即对数收益率序列。本书数据分析结果由软件 Eviews6. 0 得出。

4.6.3 实证分析

（1）描述统计和相关性分析。

表 4-11 显示了数据样本期间 6 种货币兑英镑汇率的对数收益率序列的描

述统计。由表 4 – 11 可知，各汇率收益序列的平均值和累计收益值均为负值，在此两种统计指标中，最小的都是日元汇率对数收益序列；而方差和峰度最大的变量也是 RYE；偏度的绝对值最大的还是变量 RYE。这说明在数据样本期间，相对于其他几种货币，日元汇率最不稳定。

表 4 – 11　　　　　　　对数收益率序列变量的描述统计

	RCH	REU	RUS	RYE	RSI	RHK
均值	– 0.00023	– 0.00017	– 0.00007	– 0.0003	– 0.00025	– 0.00007
方差	0.00005	0.00003	0.00005	0.00011	0.00004	0.00005
峰度	4.16776	4.21051	4.42932	6.89395	3.93658	4.48258
偏度	0.0018	– 0.26119	– 0.06339	– 0.71265	– 0.00663	– 0.06621
求和	– 0.30348	– 0.22469	– 0.08779	– 0.40468	– 0.33443	– 0.08993

表 4 – 12 显示了数据样本期间 6 种货币兑英镑汇率的对数收益率序列的相关系数。

表 4 – 12　　　　　　　对数收益率序列之间的相关系数

	RCH	REU	RUS	RYE	RSI	RHK
RCH	1	0.4835	0.9895	0.7033	0.8799	0.9887
REU	0.4835	1	0.4768	0.5112	0.6366	0.4799
RUS	0.9895	0.4768	1	0.7062	0.878	0.9989
RYE	0.7033	0.5112	0.7062	1	0.6519	0.7081
RSI	0.8799	0.6366	0.878	0.6519	1	0.8803
RHK	0.9887	0.4799	0.9989	0.7081	0.8803	1

由表 4 – 12 可知，各收益率序列变量之间存在明显的相关关系。在各种汇率的对数收益率序列中，人民币和美元的相关系数高达 98.95%，和港元的相关系数高达 98.87%；港元和美元的相关系数为 99.89%；相比而言，欧元与其他货币的相关性较小，但也存在明显的相关性。

（2）数据检验与协整分析。

①平稳性检验。

首先通过单位根检验确定变量 LCH、LEU、LUS、LYE、LSIN 和 LHK 的单整阶数。对每个变量序列使用 ADF（Augmented Dickey – Fuller）检验方法，在滞后期数的选择上，参照 SC（Schwarz information criterion）准则。表 4-13 给出了五个序列的 ADF 单位根检验的结果。结果显示，在 5% 的显著性水平下，各币种兑英镑汇率的对数序列含有单位根，而对数差分序列不含单位根，即 LCH，LEU，LUS，LYE，LSIN，LHK 均为 $I(1)$ 序列，RCH，REU，RUS，RYE，RSI，RHK 均为 $I(0)$ 序列。

表 4-13　　　　　　　　　　　　单位根检验结果

序列	ADF	临界值（5%）	序列	ADF	临界值（5%）
LCH	-0.5708	-2.8635	RCH	-35.235	-2.8635
LEU	-0.744	-2.8635	REU	-34.3382	-2.8635
LUS	-1.0194	-2.8635	RUS	-34.5289	-2.8635
LYE	-0.1037	-2.8635	RYE	-34.8728	-2.8635
LSI	-0.0918	-2.8635	RSI	-35.014	-2.8635
LHK	-0.99	-2.8635	RHK	-34.5937	-2.8635

②Granger 因果关系检验。

Granger（1969）在 1969 年提出 Granger 因果检验法，主要用来分析变量间的因果关系以及影响的方向。其检验思想是：如果变量 X 的变化引起了变量 Y 的变化，则变量 X 的变化应当发生在变量 Y 的变化之前，即加入解释变量 X 的滞后期是否提高了被解释变量 Y 的解释程度。如果 X 与 Y 的相关系数在统计上是显著的，则说明变量 X 能够引起变量 Y。为考察 RCH，REU，RUS，RYE，RSI，RHK 序列之间的影响关系，本书进行 Granger 因果关系检验，根据 AIC 信息准则（Akaike Information Criterion）Granger 因果关系检验滞后阶数的确定为 1。表 4-14 给出了 Granger 因果检验结果。

表 4-14　　　　　　　　Granger 因果关系检验结果

原假设	观测数	F 统计量	P 值
RYE 不能 Granger 引起 RCH	1334	7.8027	0.0053
RYE 不能 Granger 引起 REU	1334	6.8841	0.0088
RYE 不能 Granger 引起 RHK	1334	4.4956	0.0342
RYE 不能 Granger 引起 RSI	1334	13.448	0.0003
RYE 不能 Granger 引起 RUS	1334	4.6376	0.0315

注：统计不显著的检验结果略。

　　Granger 因果检验结果显示，在 5% 的显著性水平下，RYE 能够分别引起 RCH、REU、RUS、RSI 和 RHK。表明日元兑英镑汇率的变化能够引起人民币、欧元、美元、新加坡元和港元等 5 种货币兑英镑汇率的变化。

　　③协整检验。

　　由单位根检验可知，LCH、LEU、LUS、LYE、LSIN、LHK 均为 I（1）序列。两个或多个非平稳序列的线性组合可以是平稳的，即存在协整关系。协整检验主要有两种方法：一种是 Engel 和 Granger（1987）提出的基于协整回归方程残差项的两步法平稳性检验；另一种是 Johansen（1988）以及 Johansen 和 Juselius（1990）提出的基于 VAR 的协整系统检验，称为 Johansen 协整检验。前一种方法在检验两个变量之间关系时较为常用。后一种是对多变量进行协整检验的方法。通过 Johansen 协整关系检验，可以判断变量间存在几个协整向量。

　　在关于变量的稳定性检验基础上，使用 Johansen 方法对变量进行协整检验，通过特征根迹（trace）检验和最大特征值检验来确定各变量之间的协整关系个数。根据 LCH、LEU、LUS、LYE、LSI、LHK 序列的趋势，本书检验时采取无确定趋势和带截距项的检验模型，模型确定滞后阶数根据 AIC 准则确定为 1，检验结果见表 4 – 15。

表 4 – 15　　　　　　　　　　　　Johansen 协整关系检验

假设协整关系个数	特征根	特征值迹检验		最大特征值检验	
		迹统计量	P 值	最大特征值统计量	P 值
0 个	0.0327	122.1737	0.0002	44.3419	0.0156
最多 1 个	0.0247	77.8318	0.01	33.4216	0.0566
最多 2 个	0.0201	44.4102	0.1016	27.025	0.0588
最多 3 个	0.0097	17.3852	0.6115	13.0442	0.4482
最多 4 个	0.0028	4.341	0.8742	3.7616	0.8836
最多 5 个	0.0004	0.5794	0.4466	0.5794	0.8836

注：显著性水平为 5%。

　　由表 4 – 15 显示的 Johansen 协整关系检验结果可知：在 5% 的显著性水平下，特征值迹检验表明 LCH、LEU、LUS、LYE、LSI、LHK 之间存在 2 个协整关系，而最大特征值检验显示 LCH、LEU、LUS、LYE、LSIN、LHK 之间存在 1 个协整关系。本书综合分析特征值迹检验和最大特征值检验结果，认为 LCH、

LEU，LUS，LYE，LSI，LHK 之间存在 1 个协整关系。协整检验结果表明了 6 个汇率序列之间存在着长期均衡关系。

正规化后的长期协整关系可表示为：

$$LCH = 0.3769LEU - 3.4448LUS - 0.5171LYE + 1.0297LSI + 4.2236LHK$$

标准差：（0.0887）　（1.8555）　（0.1099）　（0.1565）　　（1.8271）

$$(4-44)$$

式（4-44）的协整分析结果表明，从长期来看，对于各币种兑英镑汇率来说，人民币汇率与欧元汇率、港元汇率和新加坡元汇率之间存在着正相关，而与美元汇率和日元汇率负相关。结果显示，人民币汇率对港元汇率和美元汇率的变化非常敏感。港元汇率每变化一个单位，人民币汇率就会同方向变化 4.2236 个单位；而美元汇率每变化 1 个单位，人民币汇率会反方向变化 3.4448 个单位。

（3）误差修正模型分析。

根据协整检验的结果，6 个汇率时间序列的协整向量数目为 1。因此回归时应使用包含 1 个向量误差修正项的向量误差修正模型。

令 L_t 和 R_t 分别表示向量（LCH_t，LEU_t，LUS_t，LYE_t，LSI_t，LHK_t）′，（RCH_t，REU_t，RUS_t，RYE_t，RSI_t，RHK_t）′，则 VEC 模型由式（4-45）表示。

对所建立的模型检验表明满足平稳条件（检验结果略）。由式（4-45）可知，在 5% 的显著性水平下误差纠正项 ECM_{t-1} 的系数 a 所有值均显著。也就是说，当 6 个货币兑英镑汇率市场间的长期均衡关系在短期内受到干扰时，所有币种汇率偏差都会进行短期调整，并且所有系数值均为正，说明所有 6 种货币汇率短期调整的方向与长期均衡关系偏离的方向一致。港元汇率的校正系数最大，为 0.032664，日元汇率的校正系数最小为 0.025759。按其系数值大小，依次为港元、欧元、美元、人民币、新加坡元和日元。说明当 6 种货币汇率之间的长期均衡关系在短期内受到干扰时，港元、欧元和美元反映较为迅速，调整力度较大，而 6 种货币中调整力度最小的是日元。

$$R_t = C + \alpha ecm_{t-1} + \Gamma R_{t-1} + \mu_t$$

$$(4-45)$$

$$ecm_{t-1} = \beta L_{t-1} + e$$

$$C = (-0.000199 \quad -0.000148 \quad -4.97 \times 10^{-5} \quad -0.000311 \quad -0.000254 \quad -5.1 \times 10^{-5})'$$

$$\alpha = (0.030843 \quad 0.031354 \quad 0.030961 \quad 0.025759 \quad 0.028903 \quad 0.032664)'$$

$$[3.48143][4.52977][3.46162][2.0077][3.83068][3.66373]$$

$$\beta = (1 - 0.376940 \quad 3.444783 \quad 0.517052 \quad -1.029647 \quad -4.223563)$$

$$[-4.24755] \quad [1.85657] \quad [4.70431] \quad [-6.57856] \quad [-2.31168]$$

$$e = 4.942222$$

$$\Gamma = \begin{pmatrix} -0.151174 & -0.051908 & -0.09886 & -0.214347 & -0.154475 & -0.103867 \\ -0.020383 & 0.003026 & -0.05115 & -0.024871 & 0.003733 & -0.049468 \\ 0.147413 & -0.237923 & 0.130584 & 1.11831 & 0.102142 & 0.099022 \\ 0.113118 & 0.081527 & 0.112963 & 0.110729 & 0.005652 & 0.12292 \\ -0.102227 & 0.231338 & -0.100797 & -0.93785 & 0.009706 & -0.073851 \\ 0.062571^* & 0.039114 & 0.053276 & 0.019114 & 0.071031^* & 0.051762 \end{pmatrix}'$$

注：[ ] 中的数字表示 t 统计量；＊表示系数在 5% 的显著性水平下 t 统计量显著。

由 VEC 模型中变量 R_{t-1} 的系数矩阵 Γ 可知，滞后 1 期港元汇率收益的短期波动对人民币汇率收益的短期波动影响显著，而滞后 1 期新加坡元汇率收益的短期波动对其自身的短期波动影响显著。

VEC 模型的协整关系图如图 4 - 2 所示。零值均线代表了变量之间长期均衡的稳定关系。由 VEC 模型的协整关系图可以看出，大约在第 850 个数据和第 950 个数据期间，修正误差项由负到正的大幅变化，表明这个时期短期波动偏离长期均衡关系的幅度较大。和这些数据相对应的期间约为 2008 年 10 月至 2009 年 3 月。这反映出由美国次级债而引发的全球金融危机对 6 种货币汇率的冲击。协整关系图还显示从 2009 年以来，6 种货币汇率经过调整，正在重新回到长期均衡状态。

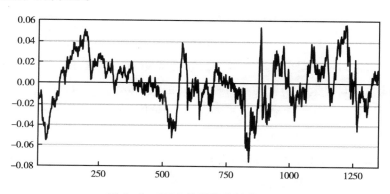

图 4 - 2 VEC 模型的协整关系图

（4）脉冲响应与方差分解。

① 脉冲响应。

脉冲响应函数（impulse responsive function）常用来分析 VAR 模型受到某种冲击时对系统的动态影响。一般采用 Cholesky 分解得到正交化的脉冲响应函数和方差分解结果（Sims，1980）。但是 Cholesky 分解的结果严格依赖于模型中变量次序 Koop，Pesaran 和 Potter（1996）提出广义脉冲响应函数克服了正交脉冲函数的缺点。Pesaran 和 Shin（1997）对正交脉冲和广义脉冲的结果进行了比较，并将广义脉冲响应函数应用在 VEC 模型中。

为了说明汇率之间长期是如何相互作用的，即汇率的动态变化过程，本书使用 VEC 模型中的广义脉冲响应函数来模拟模型对外生变量（回归方程中的扰动项）变化的反应。分别给 LCH，LEU，LUS，LYE，LSIN，LHK 等变量的随机扰动项一个正的标准差大小的冲击，采用广义脉冲方法，得到各变量对于冲击的脉冲响应函数。图 4-3、图 4-4、图 4-5、图 4-6、图 4-7、图 4-8 分别显示了各变量对于 LCH，LEU，LUS，LYE，LSIN，LHK 的冲击响应函数。在各图中，横轴表示冲击作用的滞后天数，纵轴表示各币种兑英镑汇率对数的响应。通过对 6 个冲击响应函数图比较，可以得出以下结论：

LCH，LUS 和 LHK 三个变量的冲击响应函数几乎重叠，也就是说，不管冲击来自哪个变量，LCH，LUS 和 LHK 三个变量的反应几乎相同。这表明在六种货币中，当其中一个汇率意外变化时，人民币、美元和港元三种货币在未来会做出几乎同样的反应。对于来自 LCH，LUS 和 LHK 一个正的标准差大小的冲击，三种货币对冲击的响应幅度大致相同。

在各个冲击响应函数图中，LEU 和 LSIN 的冲击响应函数曲线的变化相似，这说明欧元和新加坡元对六种货币汇率变化的冲击，在未来期间会做出相似的反应行为。在六种货币中，日元具有独特的对冲击反应的行为。无论新息来自哪个变量，所有变量当期就会做出响应，并且冲击都会对所有变量产生长期影响。除日元外，其他几种货币对无论来自哪种货币汇率冲击的响应都在第二期达到最大，之后这种响应缓慢下降。

而 LYE 对所有变量的扰动都表现出持续增长的趋势，也就是说，在六种货币中，任何一种货币意外的一次贬值，都会造成日元长期的贬值，并且贬值的幅度缓慢增加。

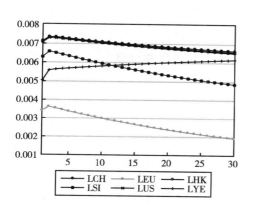

图 4 - 3　各变量对于 LCH 的响应函数

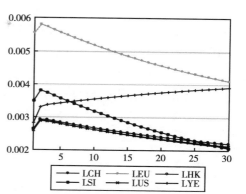

图 4 - 4　各变量对于 LEU 的响应函数

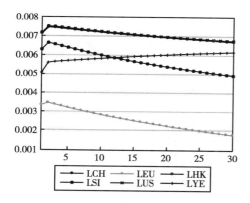

图 4 - 5　各变量对于 LUS 的响应函数

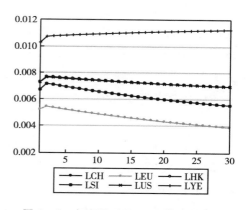

图 4 - 6　各变量对于 LYE 的响应函数

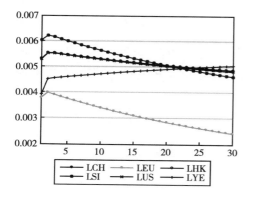

图 4 - 7　各变量对于 LSI 的响应函数

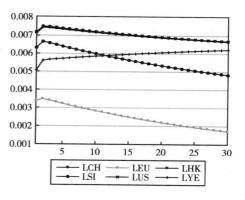

图 4 - 8　各变量对于 LHK 的响应函数

在对各变量的冲击响应中，人民币对于冲击的响应在第二天达到最大，其中对来自自身、美元和港元的冲击响应较大，而对欧元冲击的响应幅度最小。当在本期给 LCH 一个正冲击后，即对于人民币的一次意外贬值，各种货币当天立即做出了同向的响应，除日元外，其他货币贬值幅度在第二天达到最大。之后这次由人民币意外贬值的冲击，对欧元和新加坡元的影响逐渐减弱，而对日元的影响将是长期的，并且逐渐加强。对于人民币的冲击，欧元的响应幅度最小。

②方差分解。

方差分解（variance decompositions）由 Sims（1980）提出，是通过分析每一个结构冲击对内生变量变化的贡献度，进一步评价不同结构冲击的重要性。

本书利用方差分解的方法分析 LCH，LEU，LUS，LYE，LSIN，LHK 6 个变量对于其中某一变量变化的贡献度。把 LCH，LEU，LUS，LYE，LSIN，LHK 6 个内生变量的波动按其成因分解为与 VEC 模型中各个方程新息相关联的 5 个组成部分，从而得到新息对 LCH，LEU，LUS，LYE，LSIN，LHK 5 个变量的相对重要程度。各变量预期误差的 Cholesky 方差分解结果见表 4 - 16。

从方差分解结果可知，在第 20 期预测中，变量 LCH，LUS 和 LHK 的预测方差主要由 LCH 的扰动所引起，分别为 94.9%、93.8% 和 93.6%；变量 LEU 的预测方差主要由自身和 LCH 的变动所引起，分别为 68.12% 和 24.27%；变量 LYE 的预测方差主要由自身和 LCH 的变动所引起，分别为 51.61% 和 45.05%；变量 LSI 的预测方差主要 LCH 的变动所引起的比例达 81.86%，而由自身扰动所引起的预测误差为 9.41%。因此，可知人民币汇率的变动是影响自身和其他变量预测误差的主要因素。LCH 的扰动对变量 LCH，LUS 和 LHK 的预测方差的影响非常相近，这和脉冲响应函数分析的结果一致。由前文分析知，在脉冲响应函数分析中，变量 LCH，LUS 和 LHK 对于冲击的响应几乎相同。

另外，由方差分析结果表可知，日元汇率的波动不仅对自身的预测误差影响最大，对其他汇率的预测误差也有较大的影响。这与 Granger 因果检验的结果相一致。

表 4－16　各序列的方差分解

LCH 的方差分解

期数	标准差	LCH	LEU	LHK	LSI	LUS	LYE
1	0.01	100	0	0	0	0	0
2	0.01	99.67	0.01	0.01	0.02	0	0.29
3	0.01	99.5	0.01	0.01	0.02	0	0.46
19	0.03	95.27	0.56	0.05	0.69	0.05	3.38
20	0.03	94.9	0.62	0.06	0.77	0.06	3.59

LEU 的方差分解

期数	标准差	LCH	LEU	LHK	LSI	LUS	LYE
1	0.01	22.57	77.43	0	0	0	0
2	0.01	23.94	75.8	0	0.01	0.01	0.23
3	0.01	24.49	75.07	0	0.01	0.02	0.42
19	0.02	24.38	68.61	0.21	1.55	0.24	5.01
20	0.02	24.27	68.12	0.23	1.73	0.25	5.4

LHK 的方差分解

期数	标准差	LCH	LEU	LHK	LSI	LUS	LYE
1	0.01	98.41	0	1.59	0	0	0
2	0.01	98.12	0	1.63	0.03	0	0.21
3	0.01	97.97	0.01	1.63	0.02	0	0.36
19	0.03	93.97	0.93	1.11	0.71	0.06	3.21
20	0.03	93.6	1.02	1.08	0.8	0.07	3.43

LSI 的方差分解

期数	标准差	LCH	LEU	LHK	LSI	LUS	LYE
1	0.01	77.64	5.74	0.22	16.4	0	0
2	0.01	78.11	5.94	0.31	15.16	0	0.47
3	0.01	78.59	5.8	0.34	14.56	0	0.71
19	0.03	81.84	3.34	0.17	9.64	0.09	4.93
20	0.03	81.86	3.22	0.16	9.41	0.09	5.25

LUS 的方差分解

期数	标准差	LCH	LEU	LHK	LSI	LUS	LYE
1	0.01	98.55	0.00	1.25	0	0.19	0
2	0.01	98.28	0.01	1.30	0.02	0.17	0.22
3	0.01	98.12	0.02	1.31	0.01	0.17	0.36
19	0.03	94.15	0.93	0.87	0.7	0.37	2.98
20	0.03	93.8	1.01	0.85	0.78	0.39	3.17

LYE 的方差分解

期数	标准差	LCH	LEU	LHK	LSI	LUS	LYE
1	0.01	49.7	3.88	0.38	0.24	0.07	45.73
2	0.01	50.09	3.79	0.56	0.15	0.17	45.25
3	0.02	49.98	3.66	0.6	0.13	0.19	45.43
19	0.05	45.33	2.12	0.43	0.69	0.13	51.29
20	0.05	45.05	2.06	0.42	0.74	0.12	51.61

Cholesky 因子分解顺序:LCH LEU LHK LSI LUS LYE

注:表中省略了 4 至 18 期之间的各变量的方差分解结果。

4.6.4 结论

本书研究了人民币汇率改革以来中国五个最大的贸易伙伴国家和地区的汇率和人民币汇率之间的动态联系。以英镑为基准货币，选择新加坡元作为东盟国家货币代表。六种汇率为：人民币兑英镑、欧元兑英镑、美元兑英镑、日元兑英镑、新加坡元兑英镑和港元兑英镑。经过一系列实证研究得出如下结论：

（1）对数汇率收益率序列之间的 Granger 因果关系检验表明：日元汇率能够引起其他汇率的变化。

（2）协整检验表明，六种汇率之间存在显著的协整关系。这意味着六种货币的汇率之间存在着长期稳定均衡关系。

（3）VEC 模型显示，当6个货币兑英镑汇率市场间的长期均衡关系在短期内受到干扰时，所有币种汇率偏差都会进行短期调整，调整力度最大是港元，最小的是日元。

（4）脉冲响应的分析结果表明，人民币、美元和港元三种货币兑英镑汇率对于冲击响应的程度和趋势都非常相近。

（5）方差分解表明，人民币汇率和日元汇率的扰动是造成所有货币汇率预测误差的主要因素。

研究结果表明，日元汇率能够引起其他汇率的变化；六种货币的汇率之间存在着长期稳定均衡关系；当长期均衡关系在短期内受到干扰时，所有币种汇率偏差都会进行短期调整，调整力度最大是港元，最小的是日元；人民币、美元和港元三种货币兑英镑汇率对于冲击响应的程度和趋势都非常相近；人民币汇率和日元汇率的扰动是造成所有货币汇率预测误差的主要因素。

4.7

基于 MGARCH 模型的东亚次区域汇率
合作中人民币选择研究的实证研究

4.7.1 引言

随着经济全球化的步伐，东亚地区经济的相互交往和依赖逐渐增强，区域内贸易量持续增加，区域内投资所占的比重也在不断提高。东亚地区的一体化程度明显加深，经济相互依存度也日益增强。东亚地区经济一体化的趋势为开展区域货币合作提供了客观经济基础，也是一种必然的趋势。1997 年爆发的亚洲金融危机，先后在亚洲多个国家之间传递，给相关国家的经济和社会稳定带来极大的影响，也初步显现出东亚区域货币建立合作机制的必要性。2008年由美国次级债而引发的全球金融危机再次凸显出东亚各国和地区之间建立货币合作机制，防范外部冲击的必要性。作为东亚地区有重大影响的经济和政治大国，中国在东亚区域货币合作中理应发挥主导作用。中国经济与东亚区域内其他各国和地区之间的经贸关系日益密切，客观上要求人民币在推进和参与东亚区域货币合作中起到关键的作用。

2005 年 7 月 21 日，我国汇率形成机制改革正式开启，开始实行以市场供求为基础、参考一篮子货币进行调节、有管理的浮动汇率制度。人民币国际化的进程，也为人民币参与东亚货币合作提供了契机。多位学者认为，人民币汇率形成机制的改革为人民币国际化和参与东亚货币合作提供了契机。李晓（2006）、丁一兵（2009）、王丽娜（2007）、张宇燕、张静春（2008）、翁玮（2010）、杨权（2010）和郭珺、周雯（2011）等多位学者对人民币参与东亚区域货币合作、争取成为东亚区域内关键货币问题进行了深入的研究。

人民币汇率改革的最终目标是人民币能够成为国际主要货币。但是人民币国际化的过程和区域化的过程又是不可分割的过程。国际货币体系改革、区域金融合作和人民币国际化是中国在国际金融领域要努力的三个方面，三方面工作应该协调推进、不可有所偏废（余永定，2009）。

在"东盟 10 + 3"框架下，区域货币合作在一些方面已经取得了很大的进展，诸如在债券发行和货币互换方面等。但是由于东亚各国存在着政治、经济和文化的复杂现况，东亚汇率的合作仍处于研究探讨阶段，并未有实质性的进展。然而，东亚货币合作的高级形式和未来的方向是区域汇率合作。区域内存在一个有效的协调监督机制，能够使区域内相关国家对汇率政策达成共识，也是东亚汇率合作的必要条件。但是现阶段东亚各经济体的发展程度存在很大的差别，遗留的历史问题也给建立开展整体上的汇率合作制度带来政治上的困难。东亚地区短期内尚不具备开展整体汇率合作的条件，东亚各国应该根据各自不同的经济发展情况，选择最优的汇率合作伙伴，逐步推进次区域货币合作。中国应采取渐进性策略，开展人民币区域化合作，首先推进人民币与文化相近、经贸关系密切的周边国家和地区货币之间的合作（冉生欣，2005；何帆、覃东海，2005；易纲，2006；赵锡军、李悦、魏广远，2007；何慧刚，2007；刘园、郭珺，2012）。我国经济的发展要求人民币应该通过有计划、有步骤的选择适当的汇率合作伙伴，推进东亚次区域汇率合作，争取在东亚货币汇率合作中，乃至在亚洲货币一体化进程中起主导作用。

4.7.2　模型方法

为了分析人民币与东亚其他货币汇率时间序列之间的收益和波动传递关系，采用 VARMA – GARCH 模型的形式，具体选择 VAR(1) – BEKK(1,1) 模型进行相关研究。

考虑多元收益率序列 $\{r_t\}$ 为 $n \times 1$ 矩阵，$\mu_t = E(r_t \mid F_{t-1})$ 为 r_t 在给定过去信息 F_{t-1} 下的条件期望，$\varepsilon_t = (\varepsilon_{1t}, \varepsilon_{2t}, \varepsilon_{3t}, \cdots, \varepsilon_{nt})'$ 是收益率序列在 t 时刻的扰动或信息。假设在给定 F_{t-1} 下，ε_t 的均值为 0，ε_t 的条件方差 – 协方差矩阵是一个 $n \times n$ 的正定矩阵 H_t，定义 $H_t = Cov(\varepsilon_t \mid F_{t-1})$。MGARCH 模型就是研究矩阵 H_t 随时间演变的过程。不考虑外生变量的影响，VAR(1) – BEKK(1,1) 表示为

$$r_t = \mu_t + \varepsilon_t, \varepsilon_t \mid F_{t-1} \sim N(0, \sum_t)$$
$$\mu_t = C + \Gamma r_{t-1} \tag{4-46}$$
$$H_t = AA' + B(\varepsilon_{t-1}\varepsilon'_{t-1})B' + DH_{t-1}D'$$

其中，系数向量 C 为 $n \times 1$ 矩阵，系数向量 Γ、下三角矩阵 A、系数矩阵 B 和 D 都是 $n \times n$ 矩阵。利用线性代数理论，将矩阵相乘，即可得到矩阵 H_t 的 ARCH 和 GARCH 系数。

利用极大似然估计法可以对 VAR(1) – BEKK(1,1) 模型进行估计。假设 ε_t 服从多元正态分布，θ 表示所有参数向量，n 表示变量个数，T 表示单个变量的观测值个数，对数似然函数表示为

$$L(\theta) = -\frac{Tn}{2}\ln(2\pi) - \frac{1}{2}\sum_{t=1}^{T}\ln(\mid H_t \mid) - \frac{1}{2}\sum_{t=1}^{T}\varepsilon'_t H_t^{-1}\varepsilon_t \tag{4-47}$$

利用 Ljung – Box Q 统计量可以检验 VAR(1) – BEKK(1,1) 模型结果。Ljung – Box Q 统计量假设为不存在序列自相关，渐进服从自由度为（m – g）

的 χ^2 分布，g 为模型中解释变量的个数。如果模型正确，模型结果各变量的标准化残差序列和标准化残差平方序列都不应该存在自相关。

4.7.3　数据和变量选择

研究对象为台币、日元、港元、新加坡元、韩元、泰铢和人民币等东亚地区 7 种主要货币的每日汇率数据序列，每种货币的汇率的标价以每一美元表示。汇率数据来源于英格兰银行即期汇率数据库（www. bankofengland. co. uk／statistics／index. htm）。时间序列为 2005 年 8 月 1 日至 2011 年 4 月 30 日期间，每个汇率序列有 1419 个数据。数据分析软件采用 S－plus8.0。以 P 代表各货币每日汇率值，R_t 表示每日收益率序列

$$R_t = 100 \times [\ln(P_t) - \ln(P_{t-1})] \tag{4-48}$$

表 4－17 显示了各货币汇率每日收益率序列描述统计结果。

表 4－17　　　　各种货币兑美元汇率收益序列描述统计结果

	均值	标准差	累计收益	累计方差	偏度	峰度	J－B 统计量
人民币	－0.015	0.1	－22.05	14.6	0.34	12.1	5013
港元	-3×10^{-5}	0.034	－0.05	1.7	－0.33	11.5	4422
台币	－0.007	0.305	－10.61	134.6	－0.33	7.9	1460
日元	－0.022	0.731	－31.97	776	－0.46	6.9	959
韩元	0.003	0.949	4.52	1307.7	－0.02	30	44150
新元	－0.021	0.347	－30.1	174.4	0.14	6.6	773
泰铢	－0.023	0.597	－32.7	517.4	0.3	53.5	154413

表 4－17 中样本均值显示出人民币、港元、台币、新加坡元和泰铢等货币，在数据样本期间都处于升值的过程。样本累计收益也显示出相同的结果。其中泰铢收益率的升值幅度最大，为 32.7%。人民币的收益率序列累计收益为 －22.05。由样本标准差和样本累计方差统计量都显示出港元汇率的波动率最小。其次波动幅度较小的为人民币汇率，说明人民币汇率实行有管理的自由浮动政策是有效的。样本偏度统计量显示人民币汇率收益率的偏度为 0.34，意味着人民币汇率序列分布具有很长的右拖尾分布，而日元具有最大的左拖尾分布。样本峰度统计表明所有货币汇率序列都具有"尖峰厚尾"的分布特性，

其中人民币的峰度值为 12.08。J－B 统计量表明所有货币汇率序列的分布都显著不同于正态分布。

4.7.4　模型结果及分析

在建立模型之间，首先应该确定时间序列的平稳性。利用 SC（Schwarz information criterion）准则确定检验中滞后期数的阶数，时间序列的平稳性检验方法选择 ADF（Augmented Dickey－Fuller）检验法。ADF 单位根检验的结果显示各币种汇率的对数序列含有 1 个单位根，而各币种汇率的对数收益率序列不含单位根。ADF 检验结果表明各币种汇率的收益率序列满足建模条件，为平稳序列。

利用 3 变量 VAR(1)－BEKK(1,1) 模型分别对港元、台币和人民币，日元、韩元和人民币，泰铢、新加坡元和人民币进行研究。然后对 3 个模型结果分别进行 Ljung－Box 检验，Q 统计量在 1% 显著水平下拒绝存在序列相关的原假设。检验显示出接受 3 个模型的均值方程。各种货币汇率的标准化残差平方的 Ljung－Box 检验显示，3 个 VAR(1)－BEKK(1,1) 模型分别较好的描述了台币和人民币、日元和人民币，以及泰铢和人民币的波动过程。但是检验结果还显示出韩元、港元和新加坡元的条件方差存在更加复杂的波动形式，因为韩元、港元和新加坡元的残差平方序列存在自相关的假设，不能在 1% 显著水平下拒绝。

3 个 VAR（1）－BEKK（1,1）模型中 ARCH 项和 GARCH 项的结果，可以通过将变量估计值代入式（4－46）得到。为了模型分析便利，仅列出式（4－46）中的矩阵 H_t 的 ARCH 和 GARCH 系数。港元、台币和人民币模型的模拟结果如表 4－18 所示；日元、韩元和人民币模型的模拟结果如表 4－19 所示；泰铢、新加坡元和人民币模型的模拟结果如表 4－20 所示。

（1）人民币、港元、台币之间的风险传递分析。

从表 4－18 中 arch 项可知：$t-1$ 时刻人民币、港元和台币 3 种货币自身的扰动，对 t 时刻各自的条件方差影响显著。港元在 t 时刻的条件方差，受到 $t-1$ 时刻人民币扰动的显著影响；t 时刻人民币的条件方差，受到 $t-1$ 时刻港元扰动的显著影响，也就是说，直接扰动关系可以在港元和人民币之间显著传递。同时，港元和人民币之间还存在显著的间接扰动传递关系，因为 t 时刻港元和人民币的条件方差受到 $t-1$ 时刻港元和人民币联合扰动的显著影响。表 4－18 还显示，台币与人民币之间不存在直接的或间接的显著扰动传递关系。台币与港元之间也不存在任何形式的显著的扰动传递关系。然而 t 时刻港元的条件方差，受到台币与人民币在 $t-1$ 时刻联合扰动的显著影响。

表 4－18　　　　**人民币、港元和台币模型中 H_t 估计和检验结果**

	人民币（H_t^1）	港元（H_t^2）	台币（H_t^3）
arch(1,1)	0.0985	0.0019	
arch(1,2)	− 0.088	− 0.0287	
arch(1,3)		− 0.0005	
arch(2,2)	0.0197	0.1088	
arch(2,3)		0.0036	
arch(3,3)		0.00003	0.1166
garch(1,1)	0.8823	0.0002	0.0067
garch(1,2)	0.1452	0.028	
garch(1,3)	0.0175	− 0.00007	0.1477
garch(2,2)	0.006	0.874	
garch(2,3)	0.0014	− 0.0046	
garch(3,3)	0.00009	0.000006	0.8122

注：在 0.1 显著水平下，统计结果不显著的结果未列出。

表 4－18 中的 garch 项显示出，各种汇率收益率在 t 时刻的条件方差对 3 种货币自身在 $t-1$ 时刻的条件方差具有显著的影响。港元在 t 时刻的条件方差，受到 $t-1$ 时刻人民币汇率收益率的条件方差、人民币和港元的条件协方差，以及人民币和台币的条件协方差的显著影响。t 时刻人民币汇率收益率的条件方差，受到 $t-1$ 时刻港元的条件方差、人民币和港元的条件协方差、人民币和台币的条件协方差的显著影响。模型结果表明，在港元和人民币之间存在间接或直接的波动传递关系。台币在 t 时刻的条件方差，受到 $t-1$ 时刻人民币的条件方差、人民币和台币之间条件协方差的显著影响。反之，人民币在 t 时刻的条件方差，受到 $t-1$ 时刻台币的条件方差、人民币和台币之间的条件协方差、港元和台币之间的条件协方差的显著影响。结果表明直接或间接的波动传递关系，在台币和人民币之间显著存在。台币在 t 时刻的条件方差，不受 $t-1$ 时刻港元的条件方差、台币和港元的条件协方差、港元和人民币的条件协

方差的显著影响。港元在 t 时刻的条件方差，受到 $t-1$ 时刻台币的条件方差、台币和人民币的条件协方差、台币和港元的条件协方差的显著影响。模型结果表明台币和港元之间存在显著的、由台币到港元的单向的直接或间接地影响。

（2）人民币、日元和韩元之间的风险传递。

由表 4-19 中 arch 项可知，人民币、港元和台币等 3 种货币 t 时刻的条件方差，受到其 $t-1$ 时刻自身的扰动的显著影响。此外，人民币在 t 时刻的条件方差，受到 $t-1$ 时刻日元的扰动，以及日元和人民币的联合扰动的显著影响。但是，日元在 t 时刻的条件方差既不受 $t-1$ 时刻人民币扰动的显著影响，也不受日元和人民币在 $t-1$ 时刻的联合扰动的显著影响。模型结果表明，人民币和日元之间，仅存在单向的、由日元到人民币传递的显著的扰动传递关系。表 4-19 中 arch 项还显示出，韩元和人民币之间不存在扰动传递关系。韩元在 t 时刻的条件方差受到 $t-1$ 时刻日元扰动的显著影响。同时，日元在 t 时刻的条件方差，受到韩元在 $t-1$ 时刻扰动的显著影响。韩元和日元在 t 时刻的条件方差都受到韩元和日元在 $t-1$ 时刻的联合扰动的显著影响。模型结果表明，扰动关系可以在韩元和日元之间存在显著的、直接的或间接扰动传递关系。

表 4-19　　　　　人民币、日元和韩元模型中 H_t 估计和检验结果

	人民币（H_t^1）	日元（H_t^2）	韩元（H_t^3）
arch(1,1)	0.1017		
arch(1,2)	0.0047		
arch(1,3)			
arch(2,2)	0.00005	0.0467	0.0118
arch(2,3)		-0.0174	-0.0688
arch(3,3)		0.0016	0.10007
garch(1,1)	0.8661		
garch(1,2)	-0.0072		
garch(1,3)			
garch(2,2)	0.00002	0.89184	0.0039
garch(2,3)			0.1173
garch(3,3)			0.8774

注：统计结果不显著的结果在 0.1 显著水平下未列出。

　　从表 4 – 19 中的 garch 项可知，人民币、日元和韩元等 3 种货币在 t 时刻的条件方差，分别受到其各自在 $t-1$ 时刻条件方差的显著影响。人民币在 t 时刻的条件方差，受到在 $t-1$ 时刻日元的条件方差、人民币和日元的条件协方差的显著影响。然而，日元在 t 时刻的条件方差，不受 $t-1$ 时刻人民币的条件方差、人民币和日元的条件协方差、人民币和韩元的条件协方差的显著影响。因此，模型结果显示只是显著的存在单向的、由日元到人民币的波动传递。韩元和人民币之间不存在显著的波动传递关系。韩元在 t 时刻的条件方差受到 $t-1$ 时刻日元的条件方差、韩元和日元条件协方差的显著影响。而日元在 t 时刻的条件方差不受 $t-1$ 时刻韩元的条件方差、韩元和日元条件协方差、韩元和人民币的条件协方差的显著影响。也就是说，韩元和日元之间的波动传递关系，仅存在单向的、由日元到韩元的传递关系。

　　（3）人民币、泰铢和新元之间的风险传递。

　　从表 4 – 20 中 arch 项可知：人民币、新元和泰铢等 3 种货币在 t 时刻的条件方差，受到其各自在 $t-1$ 时刻扰动的显著影响。人民币在 t 时刻的条件方差，受到泰铢在 $t-1$ 时刻扰动的显著影响。反之泰铢在 t 时刻的条件方差，受到人民币在 $t-1$ 时刻扰动的显著影响。泰铢在 t 时刻的条件方差和人民币在 t 时刻的条件方差，都分别受到泰铢和人民币在 $t-1$ 时刻的联合扰动的显著影响。此外，人民币在 t 时刻的条件方差还受到新元和泰铢在 $t-1$ 时刻的联合扰动的显著影响。模型结果表明，泰铢和人民币之间的扰动传递关系是显著存在的，并且这种关系是双向的，可以进行直接或间接的传递。人民币在 t 时刻的条件方差，受到 $t-1$ 时刻新元的扰动，新元和人民币的联合扰动的显著影响。然而，新元在 t 时刻的条件方差，却既不受 $t-1$ 时刻人民币的扰动的影响，也不受在 $t-1$ 时刻新元和人民币的联合扰动的显著影响。模型结果表明，新元和人民币之间的扰动传递关系，仅只显著存在间接的或直接的、单向的、由新元到人民币的传递关系。无论是直接的还是间接的，新元和泰铢之间都不显著的存在扰动传递关系。

表 4 – 20　　　　人民币、泰铢和新元模型中 $\mathbf{H}_t$ 估计和检验结果

	人民币（H_t^1）	泰铢（H_t^2）	新元（H_t^3）
arch(1,1)	0.0689	0.1719	
arch(1,2)	0.0057	0.5854	

续表

	人民币（H_t^1）	泰铢（H_t^2）	新元（H_t^3）
arch(1,3)	0.0171		
arch(2,2)	0.0001	0.4984	
arch(2,3)	0.0007		
arch(3,3)	0.0011		0.0318
garch(1,1)	0.9216	0.0026	0.0018
garch(1,2)	-0.0102	0.0867	
garch(1,3)			0.0836
garch(2,2)	0.00003	0.7104	
garch(2,3)			
garch(3,3)			0.9582

注：在 0.1 显著水平下，统计结果不显著的结果未列出。

从表 4 - 20 中的 garch 项可知：人民币、新元和泰铢等 3 种货币在 t 时刻的条件方差，受到其各自在 $t-1$ 时刻条件方差的显著影响。人民币在 t 时刻的条件方差，受到 $t-1$ 时刻人民币的条件方差、泰铢和人民币的条件协方差的显著影响。泰铢在 t 时刻的条件方差，受到 $t-1$ 时刻泰铢的条件方差、泰铢和人民币的条件协方差的显著影响。模型结果表明，泰铢和人民币之间显著的存在直接或间接的、双向的波动传递关系。新元在 t 时刻的条件方差，受到 $t-1$ 时刻人民币的条件方差、新元和人民币的条件协方差的显著影响。但是，人民币在 t 时刻的条件方差，不受 $t-1$ 时刻新元的条件方差、新元和人民币的条件协方差的显著影响。模型结果表明，新元和人民币之间的波动传递关系，无论是间接的，还是直接的，只存在单向的由人民币到新元的波动传递关系。模型结果还显示出，新元和泰铢之间既不显著的存在间接的，也不显著的存在直接的波动传递关系。

从人民币的角度，如果将东亚地区分为 3 个次区域，即中国（含台湾和香港）次区域；中国、日本和韩国次区域以及中国、"东盟"次区域，对于人民币与次区域内其他货币之间的联动关系的 3 个 VAR(1) - BEKK(1,1) 模型结果分析表明：在三个次区域中，由于中国次区域中货币汇率联动关系较为紧密，具有开展次区域汇率合作较好的市场条件。在中国 - 日本 - 韩国次区域中，日元的强势货币地位明显，而人民币只是风险的被动接受者。因此，目前对于人民币来说，还不具备开展中国－日本－韩国次区域汇率合作的市场条件。对于中国－东盟次区域来说，人民币与次区域内其他货币之间的联动关系，表现各不相同，同时"东盟"内部货币汇率之间的市场联动关系也较弱。因此，目前对于人民币来说，应该有选择满足市场条件的货币（比如泰铢）开展汇率合作，在次区域内整体开展汇率合作目前尚不具备市场条件。

4.7.5　结论和政策建议

在东亚经济逐步加强一体化的背景下，和外部金融市场持续动荡的环境下，开展东亚汇率合作具有现实的必要性和紧迫性。但是在东亚汇率合作时，由于现实的东亚地区政治、经济、历史和文化环境的影响，汇率合作的方式只能是首先开展次区域汇率合作，然后再逐步开展整体意义上的区域合作。从人民币的角度，如果将东亚地区分为 3 个次区域，即中国次区域；中国、日本和韩国次区域以及中国、"东盟"次区域，利用 2005 年 8 月 1 日至 2011 年 4 月 30 日期间的汇率市场数据和 3 个 VAR(1)－BEKK(1,1) 模型，对于人民币与次区域内其他货币之间的风险传递关系进行相关分析。如果模型结果显示出，如果在人民币和次区域内其他货币之间，风险传递关系显著的存在双向的特点，那么说明人民币汇率与次区域内其他汇率的市场融合度较深，市场具备开展次区域汇率合作的基础。

3 个 VAR(1)－BEKK(1,1) 模型的分析结果发现：与其他两个次区域相比，中国次区域中货币汇率联动关系较为紧密，港元和人民币、台币和人民币之间显著的存在双向的风险传递关系。在中国－日本－韩国次区域中，日元的强势货币地位明显，是主导货币。韩元和人民币之间的风险传递关系不存在显著的特点。日元和人民币之间的风险传递关系仅只存在单向的由日元到人民币的传递。对于中国－东盟次区域来说，人民币与次区域内其他货币之间的联动关系，表现各不相同，泰铢与人民币之间的风险传导关系存在双向的特征，新元和人民币之间，只存在单向的、由新元到人民币扰动传递关系，和单向的、由人民币到新元的波动传递关系。同时"东盟"内部货币汇率之间的市场联动关系也较弱，新元和泰铢之间并没有显著的风险传递关系。基于模型分析研究结果，对于货币汇率合作提出以下相关建议：

（1）依据东亚区域现实状况，人民币应该选择开展次区域汇率合作的方式，推进东亚货币汇率合作。目前，人民币首先应该在中国次区域内开展汇率合作。考虑到中国现状，以及港元和人民币之间的市场融合，人民币在开展中国次区域展汇率合作时，应该首先加强与港元的合作。

（2）在中国－东盟次区域中，人民币应根据具体的与"东盟"国家货币联系的市场情况，有步骤的选择合作伙伴，开展与"东盟"国家货币汇率的合作。开展人民币和"东盟"国家之间的货币汇率合作是人民币推进东亚汇率合作的关键步骤。中国与"东盟"的自由贸易区已经于 2010 年 1 月 1 日正式启动，中国与东盟各领域的经济合作正在逐步深化。在人民币与港元、人民币与台币汇率合作开展的同时，人民币应该积极与"东盟"国家货币之间开展汇率合作。但是，由于"东盟"国家各经济发展体现状存在很大的差别，在与"东盟"国家货币之间开展汇率合作关系时，人民币应该有选择的推进。虽然目前市场表现显示，整体上还不具备开展人民币与"东盟"国家货币汇率合作的成熟条件，但是泰国与我国在经济和地域上有着紧密的联系，并且泰铢和人民币之间的联系紧密，人民币应该首先选择泰铢开展汇率合作。

（3）在中国－日本－韩国次区域内，目前日元的强势货币地位明显，是次区域内的主导货币。由于韩元和人民币之间的风险传递关系不存在显著的特点，并且日元和人民币之间的风险传递关系仅只存在单向的由日元到人民币的传递，从人民币来看，目前在中国－日本－韩国次区域内，开展汇率合作的市场基础还不具备。但是东亚汇率合作，甚至东亚货币一体化能否最终实现，关键在于人民币、日元和韩元三者之间的合作与融合。

在参与东亚区域汇率合作时，人民币应当采用"三步走"策略，有计划、有选择地进行和推进，争取发挥主导作用。近期，人民币通过分别与港元、台币之间，以及与个别"东盟"国家货币之间开展次区域汇率合作，建立和盯住次区域共同货币，促使人民币在两个次区域中与其他货币融合。中期，以人民币为主导，将两个次区域整合为统一货币区；远期，人民币进一步开展与日元和韩元的合作，最终完成东亚货币一体化的进程。有关人民币如何通过次区域汇率合作的方式和途径，主导建立亚洲统一货币的问题，将在以后的研究中论述。

4.8

本章小结

本章对 Vines Copula 模型的边缘分布问题进行了相关研究。首先对作为 Vines Copula 模型研究的对象的资产的收益率的一般特性进行了简单的介绍，主要包括金融时间序列收益率的分布特性和金融时间序列收益率的平稳性和白噪声等几个方面。然后介绍 Vines Copula 模型中常作为边缘分布模型的几种主要模型结构，包括 ARMA – GARCH 模型、VAR – MGARCH 模型和 POT 模型。最后几节分别利用 ARMA – GARCH 模型、VAR 模型和 VAR – MGARCH 模型中的 BEKK 模型进行了实证研究。

第 5 章

基于 Vines Copula 模型的世界主要股票市场之间的风险相依性研究

5. 1

引 言

　　近年来，经济全球化与互联网的广泛应用，已经加速了世界金融市场的一体化进程。世界各金融市场相互依赖、彼此影响，价格协同运动显著增强。一旦某个国家的金融市场产生重大危机，就很可能对整个国家的经济发展带来灾难性的后果，导致经济危机的发生；同时金融危机和经济危机又可能传递到其他经济体而引发更大范围内的金融危机和经济危机。1997 年爆发的亚洲金融风暴在东南亚国家迅速蔓延，并且波及世界很多国家；2008 年美国的次级债危机最终引发席卷全球的金融危机。说明单个市场价格的局部波动能够迅速地波及、扩散到其他金融市场，甚至会在世界金融市场间传递、放大、最终演变为全球性的金融危机。当前，不但因美国次级债导致的金融危机尚未完全消除，并且欧洲债务危机又日益加深，世界主要的股票市场都处于一个动荡时期，因此准确把握世界主要股票市场之间的风险相依性，对于 A 股参与者认识和管理市场风险，预防外部金融危机向我国蔓延具有重要的现实性。

　　近年来，在金融和经济领域中关于 Copula 理论的研究成为了一个热点。根据著名的 Sklar 定理（Sklar，1959），在一定的条件下，随机变量之间的联合分布可由随机变量的边缘分布函数和 Copula 函数来描述。Copula 函数不但能够描述变量之间的相关程度，还能够描述变量间的相依结构，因此，Copula 模型能够更强的刻画现实金融序列分布的模型。Jeo（1997）和 Nelson（2006）详细介绍了 Copula 函数的相关理论和性质。自从 Embrechts，Mcneil 和 Straumann（2002）将 Copula 理论引入金融研究领域以来，众多学者对于 Copula 理论在金融领域的应用进行了大量的研究（Mendez，Souza，2004；Rodriguez，2007；Huang，Lee et al.，2009；Wang，Chen et al.，2009；Dias，Embrechts，2010）。此外，众多学者还利用 Copula 理论针对证券市场的相依结构进行了广泛深入的研究（Bartram，Taylor et al.，2007；Okimoto，2008；Chen，Tu and Wang，2008；Embrechts，2009）。较近的文献综述参考 Patton（2007）。

我国学者张尧庭（2002a，2002b）、史道济（2002）从理论上对 Copula 函数在金融上应用的可行性进行了探讨。史道济、姚庆祝（2004）探讨了 Copula 函数拟合方法改进问题。史道济、关静（2003）较早的将 Copula 理论应用于沪深股市风险的相关性分析。之后，多位学者利用 Copula 理论对我国金融市场进行了研究（张明恒，2004；吴振翔、陈敏等，2006；陈守东、胡铮洋等，2006；韦艳华、张世英，2007；张金清，2008；包卫军，2008；王璐、王沁、何平，2009；王金玉、程薇，2009；郭文旌、邓明光，2010；刘晓星、邱桂华，2010；吴庆晓、刘海龙、龚世民，2011）。

5.2
模型变量选择及数据描述

5.2.1　模型变量选择

本书选择中国沪深 300 指数（HS）、中国香港恒生指数（HK）、日本日经 225 指数（NK）、新加坡海峡时报指数（ST）、美国标准普尔 500 指数（SP）、英国富实 100 指数（FT）、法国巴黎 CAC40 指数（CA）和德国法兰克福 DAX 指数（DA）作为世界主要股票市场的代表，以每日收盘数据序列作为研究对象，汇率数据来源于雅虎财经网站股票数据库（http：//stock. cn. yahoo. com/）。数据分析采用 S－plus8.0 软件。数据样本区间包括 2005 年 1 月 4 日至 2011 年 11 月 30 日。去除各股票市场因节假日不同而造成的非平衡数据，每个序列保留 1525 个数据。以 P 代表各指数的每日收盘价格，r_t 表示各指数的每日收盘价格的收益率序列

$$r_t = 100 \times [\ln(P_t) - \ln(P_{t-1})] \qquad (5-1)$$

5.2.2 模型数据描述

数据样本的描述统计结果表明，样本均值和累计收益都显示出我国股票市场在数据样本期间和其他几个具有股票市场相比具有最大的收益率，但是我国股票市场也具有最大的样本标准差和最大的累计方差。考虑到 A 股市场的涨跌幅限制，这些指标更表明我国股票市场和世界其他主要股票市场相比尚不成熟，仍处于发展阶段。偏度指标显示，除新加坡市场外，其他股票市场的收益都具有左偏的特点。样本峰度统计表明，所有股票市场的收益序列分布都比正态分布具有更高的峰度。J-B 统计量也表明其收益序列分布都显著不同于正态分布。也就是说，8 个股票市场的收益序列分布都具有明显的"尖峰厚尾"的分布特性。表 5-1 显示了数据样本期间各种指数的收益率序列的描述统计结果。

表 5-1　　　　　　　　各指数收益率序列描述统计

	HS	HK	NK	ST	SP	FT	CA	DA
均值	0.0618	0.0162	-0.0204	0.0175	0.0032	0.0084	-0.0133	0.023
标准差	2.1388	1.9169	1.7738	1.4819	1.5507	1.4552	1.6767	1.6368
偏度	-0.1446	-0.2719	-0.8152	0.3992	-0.6451	-0.1512	-0.0161	-0.2323
峰度	6.9019	14.3457	13.0608	17.2913	13.7361	12.036	11.3537	14.007
J-B 统计量	972.1	8192.7	6596.3	13009.7	7424.9	5190.5	4431.3	7707
累计收益	94.22	24.74	-31.15	26.73	4.84	12.74	-20.27	35.01
累计方差	6966.6	5596	4792	3344.6	3662.4	3225	4281.5	4080.5

对各股票市场指数的日对数序列和日对数收益率序列进行单位根检验，以确定其平稳性。检验方法选用 ADF（Augmented Dickey-Fuller）检验方法。参照 SC（Schwarz information criterion）准则选择滞后期数。ADF 单位根检验的结果显示各股票市场指数的对数序列含有 1 个单位根，而各股票市场指数的对数收益率序列不含单位根，为平稳序列。也就是说各股票市场指数的对数收益率序列为平稳序列，满足建模条件。

5.3

边缘分布 POT 模型实证结果及分析

5.3.1　POT 模型估计

为了更准确的描述世界主要股票指数之间的风险相依特征，以广义帕累托分布（GPD）作为边缘分布。利用 POT 模型对各种股票指数的对数收益率序列进行建模分析时，一个重要的问题是门限值 η 的确定，它是准确估计参数 ξ 和 β 的前提。η 的选择既是一个统计问题，又是一个金融问题、它不能纯粹的根据统计理论来选择（Tsay，2010）。如果 η 选取过高，会导致超限数据量太少，估计参数方差很大；如果 η 选取的过低，则不能保证超限分布的收敛性，估计结果产生大的偏差。研究表明，η 的选择应使得超限数据的比例达到 10% 左右。经比较后，我们对各股票市场指数收益 POT 模型中门限值的选择，同时对各指数收益的下尾和上尾建立广义帕累托分布模型，使得下尾超限数据的比例达 9.78%、上尾超限数据的比例达 9.84%。各股票市场指数收益 POT 模型的估计结果由表 5-2 显示。

表 5-2　　　　　　　各股票指数收益极值模型估计结果

	下尾			上尾		
	阈值	ξ	β	阈值	ξ	β
HS	-2.3437	-0.1082 (-1.42)	1.9434 (8.97)	2.4267	0.143 (1.58)	1.1579 (8.25)
HK	-1.9917	0.2008 (2.11)	1.2542 (8.04)	1.8794	0.3115 (2.95)	0.9565 (7.64)
ST	-1.4959	0.0951 (1.18)	1.1055 (8.71)	1.4125	0.3104 (3.03)	0.7853 (7.78)
NK	-1.8749	0.3923 (3.39)	0.9175 (7.24)	1.759	0.2249 (2.3)	0.8669 (7.93)
SP	-1.5688	0.1922 (1.87)	1.1445 (7.66)	1.3974	0.1257 (1.34)	1.0971 (8.08)

续表

	下尾			上尾		
	阈值	ξ	β	阈值	ξ	β
FT	−1.4795	0.1515 (1.62)	1.0485 (8.08)	1.4545	0.2577 (2.51)	0.7957 (7.73)
DA	−1.7728	0.3452 (2.66)	0.8581 (6.63)	1.6279	0.2264 (2.49)	0.8921 (8.28)
CA	−1.7637	0.0894 (0.96)	1.2941 (8.05)	1.6848	0.3584 (3.24)	0.7452 (7.44)

注：参数估计值后（）中数值为 t 统计量。

由表 5−2 各股票市场指数收益 POT 模型估计结果可知，在超出阈值的尾部数据占样本数据相同的比例下，中国沪深 300 指数的下尾阈值和上尾阈值在所有指数中都是最大的。这表明 A 股市场和世界其他主要股票市场相比，具有较大的波动性，市场风险较大。由于内地与香港之间紧密的经济联系，A 股市场的波动必然会对香港股票市场产生影响，因而无论是下尾阈值还是上尾阈值，中国香港恒生指数仅小于中国沪深 300 指数。相比而言，美国 S&P500 指数、英国富实 100 指数以及新加坡海峡时报指数的阈值较小，说明这些股市价格的极端值较少、市场相对稳定，因而市场风险也较小。

5.3.2 基于 POT 模型的风险度量

由于各个市场的波动性表现出较大的差异，本节选择雅虎财经网站股票数据库中，2005 年 1 月 4 日至 2011 年 9 月 30 日期间，以中国沪深 300 指数（HS）、中国香港恒生指数（HK）、美国标准普尔 500 指数（SP）、英国富实 100 指数（FT）、日本日经 225 指数（NK）和新加坡海峡时报指数（ST）的每日收盘数据序列作为研究对象。给定几种不同的阈值分别估计参数 ξ 和 β，并根据参数估计结果，在 95% 和 99% 两种置信水平下，分别计算出 VaR 和 ES。由计算结果可知，VaR 和 ES 对于阈值的选择变化并不敏感。表 5−3 显示了各市场的风险度量结果。

在阈值为 2（日收益下跌 2.%）和阈值为 2.5（日收益下跌 2.5%）下，中国沪深 300 指数的超越率都是最大的，分别为 12.07% 和 8.48%。表明在所研究的市场中，我国 A 股市场具有最大的波动性。在阈值为 2 和 2.5 下，中国香港恒生指数的超越率仅次于中国沪深 300 指数，分别为 9.51% 和 6.32%。相比而言，美国股市和英国股市的波动率较小，其中波动率最小的是英国富实 100 指数。在阈值为 2 和 2.5 下，英国富实 100 指数的超越率分别为 5.76% 和 3.58%。

在阈值为 2 时，在 95% 置信水平下，VaR 值大小依次为：中国 A 股市场（3.4558）、中国香港市场（2.823）、日本市场（2.519）、美国市场（2.2763）、英国市场（2.1513）和新加坡市场（2.1083）。ES 值大小依次为：中国 A 股市场（4.9363）、中国香港市场（5.0045）、日本市场（4.2147）、美国市场（3.7635）、英国市场（3.376）和新加坡市场（3.3389）。也就是说，在 5% 的概率下，中国沪深 300 指数的日收益可能下跌 3.46%，并且在给定中国沪深 300 指数的日收益低于 -3.46% 情况下，平均收益为 -4.94%。在阈值为 2 时，在 99% 置信水平下，VaR 值大小依次为：中国 A 股市场（5.8696）、中国香港市场（5.1425）、日本市场（4.8819）、美国市场（4.6035）、新加坡市场（4.0752）和英国市场（4.0683）。ES 值大小依次为：日本市场（7.9189）、中国 A 股市场（7.176）、中国香港市场（6.8902）、美国市场（6.3927）、英国市场（5.5391）和新加坡市场（5.3732）。

在阈值为 2.5 时，在 95% 置信水平下，中国沪深 300 指数具有最大的 VaR 和 ES，分别为 3.4869 和 4.9363；中国香港恒生指数具有仅小于中国沪深 300 指数的 VaR 和 ES，分别为 2.8091 和 4.2979；英国富实 100 指数的 VaR 和 ES 最小，分别为 2.1802 和 3.3659。在阈值为 2.5 时，在 99% 置信水平下，VaR 和 ES 的值由大到小依次为：中国沪深 300 指数、中国香港恒生指数、日经 225 指数、海峡时报指数、S&P500 指数和富实 100 指数。

表 5-3　　各股票指数日对数收益极值模型估计结果及相应的 VaR 值和 ES 值

	阈值	超越率	变量	Value	t 值	置信度	VaR	ES
HS	2	12.07%	xi	-0.0777	-0.98	0.95	3.4558	4.9363
			beta	1.7086	9.38	0.99	5.8696	7.176
	2.5	8.48%	xi	-0.1759	-2.26	0.95	3.4869	5.0045
			beta	1.9582	8.75	0.99	5.9882	7.1315
	3	6.52%	xi	-0.1873	-2.15	0.95	3.4937	5.0177
			beta	1.9019	7.76	0.99	6.0079	7.1353

续表

	阈值	超越率	变量	Value	t 值	置信度	VaR	ES
HK	2	9.51%	xi	0.1043	1.22	0.95	2.823	4.3007
			beta	1.2378	8.63	0.99	5.1425	6.8902
	2.5	6.32%	xi	0.1031	0.99	0.95	2.8091	4.2979
			beta	1.3033	7.03	0.99	5.1467	6.9043
	3	4.19%	xi	0.0645	0.56	0.95	2.7438	4.2926
			beta	1.4655	6.07	0.99	5.2011	6.9194
ST	1.5	8.95%	xi	0.0717	0.87	0.95	2.132	3.3254
			beta	1.0626	8.65	0.99	4.022	5.3613
	2	5.48%	xi	0.0332	0.36	0.95	2.1083	3.3389
			beta	1.1862	7.21	0.99	4.0752	5.3732
	2.5	3.88%	xi	0.1506	1.16	0.95	2.2651	3.3425
			beta	0.9505	5.63	0.99	3.9318	5.3047
NK	1.5	13.13%	xi	0.2418	2.96	0.95	2.5568	4.1758
			beta	0.972	9.52	0.99	4.972	7.3613
	2	8.47%	xi	0.3621	2.97	0.95	2.519	4.2147
			beta	0.8938	6.89	0.99	4.8819	7.9189
	2.5	4.84%	xi	0.2691	1.7	0.95	2.4591	4.1693
			beta	1.2609	5.22	0.99	4.9768	7.6141
SP	1	15.61%	xi	0.2146	2.61	0.95	2.2763	3.7635
			beta	0.9508	9.83	0.99	4.6035	6.3927
	2	6.18%	xi	0.1149	0.97	0.95	2.2763	3.7635
			beta	1.2847	6.53	0.99	4.6035	6.3927
	2.5	4.18%	xi	0.1076	0.7	0.95	2.2584	3.758
			beta	1.3643	5.17	0.99	4.61	6.393
FT	1.5	8.93%	xi	0.0988	1.09	0.95	2.1308	3.3737
			beta	1.0578	8.23	0.99	4.0847	5.5417
	2	5.76%	xi	0.1138	0.98	0.95	2.1513	3.376
			beta	1.0681	6.53	0.99	4.0683	5.5391
	2.5	3.58%	xi	0.2208	1.12	0.95	2.1802	3.3659
			beta	0.9944	4.29	0.99	3.9656	5.6571

注：xi 表示 POT 模型中参数，beta 表示 POT 模型中参数。

由分析结果可知，在 6 个股票市场中 A 股市场风险最大。这说明相比于其他市场，A 股市场仍处于发展阶段，市场表现仍不成熟。

5.4

基于二元 Copula 函数的各股票
市场之间的风险相依分析

在世界经济一体化的背景下，世界金融市场之间的联系日益加强。当外部某一市场出现暴涨和暴跌时，其他股票市场必然受到或多或少的影响。股市收益之间的联合分布函数能够准确描述其相互之间的联系。假定世界主要股市的边缘分布服从表 5 - 2 表示的广义帕累托分布，首先利用二元 Copula 函数分别描述世界主要股市每两者之间的相依性，然后建立 Vines Copula 模型分析世界主要股市之间的相依结构。

5.4.1　Copula 函数的选择及模拟

Copula 函数有许多种类，常用的 Copula 函数主要有 Normal Copula，Twan Copula，Frank Copula，Gumbel Copula，Clayton Copula，Husler. reiss Copula，BB1 Copula，BB2 Copula，BB3 Copula，BB4 Copula，BB5 Copula，BB6 Copula 和 BB7 Copula。在建立 Copula 模型时，常基于经验 Copula 函数 $\hat{C}$ 选择具体的 Copula 函数形式。本书在分布估计法下，首先估计出经验 Copula 函数 $\hat{C}$ 的样本数据，然后利用 $\hat{C}$ 的样本数据和极大似然估计法，估计各种形式的 Copula 函数，最后通过综合比较最大似然估计量、AIC 准则、BIC 准则和 HQ 准则，选择最优的 Copula 函数形式。

表 5 - 4　　　　　　　A 股与港股 Copula 函数模拟检验

copula 函数	loglike	AIC	BIC	HQ
fit. nomal	168. 7471	- 335. 494	- 330. 165	- 333. 511
fit. gumel	148. 0695	- 294. 139	- 288. 81	- 292. 155
fit. ks	161. 8407	- 321. 681	- 316. 352	- 319. 698
fit. joe	99. 2706	- 196. 541	- 191. 212	- 194. 558

续表

copula 函数	loglike	AIC	BIC	HQ
fit. tawn	150. 469	−294. 938	−278. 951	−288. 987
fit. galambos	142. 6753	−283. 351	−278. 022	−281. 367
fit. husler. reiss	134. 7505	−267. 501	−262. 172	−265. 517
fit. bb1	185. 8588	−367. 718	−357. 059	−363. 75

以中国沪深 300 指数市场和香港市场为例，表 5 - 4 显示出各种 Copula 函数对两个市场数据的模拟后的各种检验结果。极大似然值检验结果显示，BB1 Copula 函数最为适合模拟中国沪深 300 指数市场和香港市场之间的尾部相关性，AIC 和 BIC 检验也支持同样的检验结果，而 HQ 检验显示结果 Husler - reiss Copula 函数最为合适，但是与 BB1 Copula 函数并无大的差别，因此综合考虑各种检验结果后，确定选择 BB1 Copula 函数模拟中国沪深 300 指数市场和香港市场之间的尾部相关性。其他市场间检验和选择 Copula 函数的过程类似，具体检验结果和过程略。结果显示，在常用的 Copula 函数中，二变量 Copula 函数 BB1 和 BB7 能够较好地模拟世界主要股市每两者之间的相依性。表 5 - 5 给出世界主要股市每两者之间的 Copula 函数估计结果。

表 5 - 5　　　　　　世界主要股指之间 Copula 函数估计

	Copula	θ	δ	τ	λ_l	λ_u	似然值	AIC
HS - HK	BB1	0. 404 (7. 62)	1. 1759 (38. 35)	29. 25%	23. 24%	19. 69%	185. 86	−367. 72
HS - ST	BB1	0. 2892 (6. 13)	1. 1085 (42. 68)	21. 18%	11. 51%	13. 12%	99. 38	−194. 76
HS - NK	BB7	1. 0717 (41. 2)	0. 2685 (7. 21)	14. 88%	7. 56%	9. 06%	55. 94	−107. 88
HS - SP	BB1	0. 0939 (2. 71)	1. 022 (57. 79)	6. 55%	0. 07%	2. 97%	10. 42	−16. 84
HS - FT	BB7	1. 0472 (45. 47)	0. 2091 (5. 93)	11. 62%	3. 63%	6. 15%	35. 65	−67. 30
HS - DA	BB1	0. 1415 (3. 71)	1. 0372 (53. 63)	9. 95%	0. 89%	4. 91%	23. 53	−43. 06

续表

	Copula	θ	δ	τ	λ_l	λ_u	似然值	AIC
HS – CA	BB7	1.0379 (47.69)	0.1976 (5.7)	10.75%	3%	5%	30.95	−57.90
HK – ST	BB7	1.8029 (27.96)	1.4478 (18.49)	52.16%	61.96%	53.12%	656.35	−1308.71
HK – NK	BB7	1.4437 (29.37)	0.8283 (14.08)	39.15%	43.31%	38.37%	355.27	−706.54
HK – SP	BB7	1.2303 (36.76)	0.1798 (4.89)	18.03%	2.12%	24.33%	86.8	−169.61
HK – FT	BB7	1.2681 (31.57)	0.5333 (10.92)	29.2%	27.26%	27.27%	196.47	−388.94
HK – DA	BB7	1.2382 (32.08)	0.4508 (9.6)	26.28%	21.49%	24.97%	159.43	−314.86
HK – CA	BB7	1.2387 (32.13)	0.5119 (10.73)	27.86%	25.82%	25.01%	179.58	−355.16
ST – NK	BB7	1.4606 (29.83)	0.7742 (13.5)	38.54%	40.85%	39.27%	344.51	−685.02
ST – SP	BB1	0.1908 (4.58)	1.1318 (45.75)	19.34%	4.04%	15.51%	87.16	−170.33
ST – FT	BB7	1.2884 (30.58)	0.6492 (12.65)	32.37%	34.38%	28.75%	243.4	−482.79
ST – DA	BB7	1.2716 (30.72)	0.5963 (11.89)	30.77%	31.27%	27.52%	218.14	−432.29
ST – CA	BB7	1.281 (30.76)	0.64 (12.55)	31.99%	33.86%	28.21%	237.83	−471.67
NK – SP	BB7	1.127 (41.7)	0.1415 (4.27)	12.52%	0.75%	15.03%	47.51	−91.03
NK – FT	BB7	1.2183 (34.28)	0.356 (8.27)	23.05%	14.27%	23.36%	131.38	−258.77
NK – DA	BB7	1.1895 (35.13)	0.3337 (7.92)	21.43%	12.53%	20.91%	114.19	−224.38
NK – CA	BB7	1.2088 (34.51)	0.3656 (8.42)	23.02%	15.02%	22.56%	129.92	−255.84

续表

	Copula	θ	δ	τ	λ_l	λ_u	似然值	AIC
SP - FT	BB7	1.6706 (29.53)	0.8429 (13.64)	43.37%	43.94%	48.58%	433.8	-863.58
SP - DA	BB7	1.6603 (29.33)	0.8604 (14.1)	43.45%	44.68%	48.19%	440.15	-876.31
SP - CA	BB7	1.6512 (29.43)	0.8892 (14.07)	43.71%	45.86%	47.84%	440.88	-877.75
FT - DA	BB1	0.8399 (10.96)	2.1821 (29.11)	67.73%	68.51%	62.61%	1144.52	-2285.03
FT - CA	BB1	0.8347 (10.78)	2.6615 (28.69)	73.49%	73.20%	70.25%	1428.66	-2853.31
DA - CA	BB1	1.0774 (12.27)	2.8675 (27.51)	77.34%	79.90%	72.66%	1650.32	-3296.63

注：参数估计值后（）中数值为 t 统计量。

5.4.2 基于二元 Copula 模型的各股票市场之间的风险相依分析

为分析 Copula 函数模拟方便起见，遵循 Joe（1997）定义的 BB1 和 BB7 函数形式，将两种 Copula 函数形式再次给出

BB1 Copula 函数形式为：

$$C(u,v) = (1 + [(u^{-\theta} - 1)^{\delta} + (v^{-\theta} - 1)^{\delta}]^{1/\delta})^{-1/\theta}, (\theta > 0, \delta \geqslant 1) \quad (5-2)$$

BB7 Copula 函数形式为：

$$C(u,v) = 1 - (1 - [(1 - (1 - u)^{\theta})^{-\delta} + (1 - (1 - v)^{\theta})^{-\delta} - 1]^{-1/\delta})^{1/\theta},$$
$$(\theta > 1, \delta \geqslant 0) \quad (5-3)$$

表 5-4 给出了各 Copula 函数的估计结果；根据估计的 Copula 函数计算的 Kendall 秩相关系数 τ、下尾相关系数 λ_l 和上尾相关系数 λ_u 以及 Copula 函数估计的极大似然值和 AIC 值。

由表 5-5 中 Kendall 秩相关系数 τ 显示：中国 A 股与香港股市的相关性最强，其次是新加坡股市，与美国股市的相关性最弱；中国香港股市与的新加坡

股市相关性最强，其次是日本市场，中国香港股市与美国股市的相关性最弱；新加坡股市与中国香港股市相关性最强、其次是日本市场和美国股市的相关性最弱；日本股市与中国香港股市相关性最强、其次是新加坡股市，和其他亚洲市场相同，日本股市与美国股市的相关性最弱；英国、德国和法国三个欧洲股市之间具有较强的相关性，特别是德国和法国股市之间的 Kendall 秩相关系数 τ 高达 77.34%。总体而言，四个亚洲股市之间的相关性较强，三个欧洲股市之间的相关性较强，三个欧洲股市与四个亚洲股市之间的相关性弱于其与美国股市的相关性；美国与四个亚洲股市之间的相关性较弱。

下尾相关系数 λ_l 反映出在某一市场出现暴跌条件下，另一市场出现暴跌概率。上尾相关系数 λ_u 反映出某一市场出现暴涨时，另一市场出现暴涨概率。表 5-4 显示，与 A 股下尾相关、上尾相关最强的都是中国香港股市和新加坡股市。香港股市出现暴跌时对 A 股的影响最大，A 股出现暴跌的概率达 23.24%；新加坡股市出现暴跌时，A 股出现暴跌的概率为 11.51%。在香港股市暴涨的条件下，A 股出现暴涨的概率达 19.69%；新加坡股市出现暴涨时，A 股出现暴涨的概率为 13.12%。A 股市场与欧美股市之间没有明显的下尾相关性和上尾相关性。也就是说，欧美股市价格极端变化导致 A 股价格极端变化的概率较小。

中国香港股市与新加坡股市之间具有显著的尾部相关性，一个市场出现暴跌时，另一市场出现暴跌的概率为 61.96%；一个市场出现暴涨时，另一市场出现暴涨的概率为 53.12%。中国香港股市与日本股市之间，一个市场出现暴跌时，另一市场出现暴跌的概率为 43.41%；一个市场出现暴涨时，另一市场出现暴涨的概率为 38.37%。在四个亚洲市场中，新加坡与欧洲市场的尾部相关性较大。

英国、德国和法国三个欧洲股市之间具有显著的尾部相关性，尤其是德国和法国之间下尾相关系数 λ_l 为 79.9%、上尾相关系数 λ_u 为 72.66%。显示出欧洲市场无论是下行风险还是上行风险都具有较强的协同性。这也反映了欧洲市场一体化的程度较高。

无论是下尾还是上尾，美国股市与三个欧洲股市之间的相关性明显高于其与四个亚洲股市之间的相关性。对于欧洲或者亚洲股市来说，其内部之间的风险相依性远大于其与美国股市之间的风险相依性。这表明美国股市的运行相对独立，与其他股市特别是亚洲股市之间的风险相依性较弱。

5.5

基于 Vine Copula 模型的各股票市场之间相依结构分析

5.5.1　Vine Copula 模型类别的确定

在利用 Vine Copula 模型对世界主要股票市场建立模型时，首先应确定所用 Vine Copula 模型种类，即在 D–vine Copula 和 C–vine Copula 模型中选择合适的类别。Czado，Schepsmeier 等（2011）研究表明，当构成 Vine 结构的多元变量中存在着对其他变量具有显著影响的关键变量时，应选择 C–vine Copula 模型，此时 C–vine Copula 模型结构在模拟多元变量之间的相依性时更有优势。当构成 Vine 结构的多元变量中不存在对其他变量具有显著影响的关键变量时，应选择 D–vine Copula 模型。世界主要股票市场之间是否存在着对其他变量有显著影响的关键变量，通过世界主要股票市场之间的经验 Copula 函数的经验 Kendall 秩相关系数 $\hat{\tau}_{i,j}$ 可以看出。

表 5 – 6　　　世界主要股票市场间经验 Kendall 秩相关系数

	HS	HK	ST	Nk	SP	FT	DA	CA	合计
HS	1	0.2943	0.2080	0.1322	0.0532	0.1058	0.0967	0.0948	1.9851
HK	0.2943	1	0.5097	0.3715	0.1470	0.2698	0.2449	0.2585	3.0957
ST	0.2080	0.5097	1	0.3631	0.1629	0.3033	0.2957	0.3059	3.1487
Nk	0.1322	0.3715	0.3631	1	0.0835	0.1990	0.1873	0.2052	2.5418
SP	0.0532	0.1470	0.1629	0.0835	1	0.4193	0.4199	0.4246	2.7105
FT	0.1058	0.2698	0.3033	0.1990	0.4193	1	0.6792	0.7301	3.7066
DA	0.0967	0.2449	0.2957	0.1873	0.4199	0.6792	1	0.7715	3.6952
CA	0.0948	0.2585	0.3059	0.2052	0.4246	0.7301	0.7715	1	3.7906

由表 5 – 6 可得出主要股票市场之间的经验 Kendall 秩相关系数及合计值，世界主要股票市场之间的 Kendall 秩相关存在明显的区域相关特点，英国股市与德国股市和法国股市三者之间存在高度相关性；而 A 股市场与香港股市之间相关性明显。世界主要股票市场之间存在明显的相关性。因此，选择 C – vine Copula 模型作为模拟世界主要股市间相依结构模型。为分析便利，经

过比较，本书选择法国股票市场作为欧洲股票市场的代表，选择中国沪深 300 指数、中国香港恒生指数、新加坡海峡时报指数、标准普尔 500 指数和法国 CAC40 指数作为 C - vine Copula 模型的研究对象，研究我国 A 股市场与世界主要股票市场的风险联合相关性（实证结构显示此种分析结果与同时选择 8 个变量并无本质区别）。由于 C - vine Copula 模型结构依赖于根节点的选择次序，利用本书 3.2.2 节中的理论方法，经过比较确定 C - vine Copula 模型的节点次序 1、2、3、4、5 分别表示中国香港恒生指数（HK）、法国 CAC40 指数（CA）、新加坡海峡时报指数（ST）、标准普尔 500 指数（SP）和中国沪深 300 指数（HS）。C - vine Copula 模型结构为

$$
\begin{aligned}
f(x_1,x_2,x_3,x_4,x_5) =\ & f(x_1) \cdot f(x_2) \cdot f(x_3) \cdot f(x_4) \cdot f(x_5) \\
& \cdot c_{12}[F(x_1),F(x_2)] \cdot c_{13}[F(x_1),F(x_3)] \\
& \cdot c_{14}[F(x_1),F(x_4)] \cdot c_{15}[F(x_1),F(x_5)] \\
& \cdot c_{23|1}[F(x_2|x_1),F(x_3|x_1)] \\
& \cdot c_{24|1}[F(x_2|x_1),F(x_4|x_1)] \\
& \cdot c_{25|1}[F(x_2|x_1),F(x_5|x_1)] \\
& \cdot c_{34|12}[F(x_3|x_1,x_2),F(x_4|x_2,x_3)] \\
& \cdot c_{35|12}[F(x_3|x_1,x_2),F(x_5|x_2,x_3)] \\
& \cdot c_{45|123}[F(x_4|x_1,x_2,x_3),F(x_4|x_1,x_2,x_3)] \quad (5-4)
\end{aligned}
$$

C - vine Copula 模型树结构图表示为

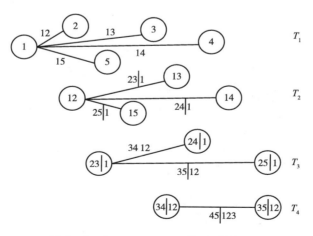

图 5 - 1　C - vine Copula 模型树结构图

5.5.2 vine Copula 模型的估计与分析

确定 C - vine Copula 模型之后，在选择模型中描述两个变量之间的 Pair Copula 函数时利用 3.3 节介绍的图形工具方法和拟合检验（good - of - fit）方法，依次确定模型中每棵树中、最适合样本数据的 Pair Copula 函数的具体表达形式。备选 Copula 函数包括：Gaussian Copula，Student t Copula（t - copula），Clayton Copula，Gumbel Copula，Frank Copula，Joe Copula，BB1 Copula，BB6 Copula，BB7 Copula，BB8 Copula，rotated Clayton Copula（180 degrees，"survival Clayton"），rotated Gumbel Copula（180 degrees，"survival Gumbel"），rotated Joe Copula（180 degrees，"survival Joe"），rotated BB1 Copula（180 degrees，"survival BB1"），rotated BB6 Copula（180 degrees，"survival BB6"），rotated BB7 Copula（180 degrees，"survival BB7"），rotated BB8 Copula（180 degrees，"survival BB8"），rotated Clayton Copula（90 degrees），rotated Gumbel Copula（90 degrees），rotated Joe Copula（90 degrees），rotated BB1 Copula（90 degrees），rotated BB6 Copula（90 degrees），rotated BB7 Copula（90 degrees），rotated BB8 Copula（90 degrees），rotated Clayton Copula（270 degrees），rotated Gumbel Copula（270 degrees），rotated Joe Copula（270 degrees），rotated BB1 Copula（270 degrees），rotated BB6 Copula（270 degrees），rotated BB7 Copula（270 degrees），rotated BB8 Copula（270 degrees）等，共 31 种不同形式的 Copula 函数。具体的 Pair Copula 函数表达形式和参数估计由表 5 - 7 给出。

表 5 - 7   C 藤 Copula 模型估计结果

树	二元变量	Copula	参数 1	参数 2
1	HK，CA	t	0.3965	3.4195
1	HK，ST	BB7（180）	2.2185	0.9807
1	HK，SP	t	0.2218	2.5090
1	HK，HS	BB1	0.4056	1.1771
2	CA，ST | HK	t	0.2800	12.2865
2	CA，SP | HK	t	0.5848	2.8032
2	CA，HS | HK	Clayton（90）	- 0.0889	

续表

树	二元变量	Copula	参数 1	参数 2
3	ST，SP｜HK，CA	t	− 0. 0024	14. 1100
3	ST，HS｜HK，CA	t	0. 0029	12. 1554
4	SP，HS｜HK，CA，ST	t	− 0. 0077	20. 6385

注：BB7（180）表示 BB Copula 旋转 180 度，Clayton（90）表示 Clayton Copula 旋转 90 度。

由 Vine Copula 模型结果可知，由中国沪深 300 指数、香港恒生指数、新加坡海峡时报指数、标准普尔 500 指数和法国 CAC40 指数所构成的世界主要股票市场存在明显的相关性。在数据样本期间，香港股票市场在解释整体相关性中居于核心地位。另外，在香港恒生指数的条件下，法国 CAC40 指数和新加坡海峡时报指数之间存在负相关性。

5. 6

本章小结

本书选择中国沪深 300 指数、中国香港恒生指数、新加坡海峡时报指数、日本日经 225 指数、美国标准普尔 500 指数、英国富实 100 指数、德国 DAX 指数和法国 CAC40 指数作为世界主要股票市场指数。利用 2004 年 1 月 1 日至 2011 年 11 月 30 日期间，各股指的每日收盘数据基于 GEV - Copula 模型对 8 个股票市场之间的风险相依性进行了研究。

研究表明，A 股市场具有最大的样本均值和累计收益，同时也具有最大的样本标准差和最大的累计方差。利用广义帕累托分布（GPD）对各股指数收益率的边缘分布模拟结果显示出，在超出阈值的尾部数据占样本数据相同的比例下，中国沪深 300 指数的下尾阈值和上尾阈值在所有指数中都是最大的。这些都表明 A 股市场和世界其他主要股票市场相比，具有较大的波动性，市场风险较大。

Kendall 秩相关系数 τ、下尾部相关系数 λ_l 和上尾部相关系数 λ_u 都表明，世界主要股票市场之间的风险相依性存在明显的区域特征。四个亚洲股市之间的相关性较强，三个欧洲股市之间具有显著的相关性，美国股市与四个亚洲股市之间的相关性较弱。

由于中国 A 股具有较大的市场风险且与香港股市的风险相关性最强，中国香港股市与新加坡股市的风险相关性最强，而新加坡股市与欧美股市的风险相依性明显高于其他亚洲市场，因此 A 股参与者在对 A 股市场风险度量和管理时，不但应关注 A 股市场的运行风险，而且应该密切关注中国香港股市和新加坡股市的运行风险，预防世界其他股市风险对 A 股市场的冲击。

由 Vine Copula 模型结果显示出，香港股票市场在由中国沪深 300 指数、中国香港恒生指数、新加坡海峡时报指数、标准普尔 500 指数和法国 CAC40 指数所构成的世界主要股票市场中，对于解释整体相关性居于核心地位。另外，在中国香港恒生指数的条件下，法国 CAC40 指数和新加坡海峡时报指数之间存在负相关性。

第 6 章

基于 Vines Copula 模型的
金融市场风险测度研究

6.1

引 言

当前，在世界金融市场的一体化趋势日益加强的情况下，由美国的次级债引发的全球金融危机尚未完全消除，而欧洲债务危机又日益加深，全球金融市场的动荡加剧。准确把握多个资产之间的相关性，对于金融机构和管理者开展风险管理，都是至关重要的。

然而，长期以来风险管理中资产收益服从正态分布的假定，与市场表现出的实际情况并不相符。本章主要在以下方面进行了研究：

（1）现有的文献在研究高维领域投资组合的市场风险时，假设边缘分布服从 ARMA - GARCH 模型。作者利用近年来在金融风险管理中常用的 POT（Peaks Over Threshold）模型，模拟高维投资组合的边际分布。

（2）在准确选择 C 藤或 D 藤种类的基础上，判断藤根节点（root）的次序，建立藤 Copula 模型中的树（trees）结构。

（3）在更多的备选 Copula 函数中，分别选择准确模拟藤 Copula 模型中每一个 Pair - Copula 的 Copula 函数。

（4）利用蒙特卡罗模拟方法对藤 Copula 模型模拟，估计高维投资组合在 POT 模型下的边缘分布，并计算投资组合的在险价值（Value at Risk，VaR）和期望不足（expected shortfall，ES）。

6.2

金融市场风险的概述

经济主体在复杂多变的经济环境中面临着很多风险。所谓风险即指在一定时期内和一定的环境条件下，由于各种结果发生的不确定性而导致行为主体遭受损失发生的可能性的大小。但是，不确定性和风险是有区别的。不确定性是风险的必要条件，而非充分条件。任何一种风险都是在不确定情况下发生的，但是有时在没有风险的情况下，也存在不确定性。在金融领域常把风险看作事件期望结果的变动，并用统计学上的方差概念来代表和计算风险的大小。

6.2.1 金融风险的概念和特点

金融风险是指金融市场主体（个人、企业、金融机构、政府等）在从事金融活动过程中，由于环境变化和决策失误等原因，其资产、信誉遭受损失的可能性。换句话说，金融风险是指金融市场主体在从事金融活动过程中，其实际收益偏离其预期收益的可能性。在市场经济条件下，金融风险同其他风险一样，无处不在，无时不在，具有客观性、不确定性、可测性、破坏性、传递性等特点。

金融风险的客观性指金融风险不以人的喜好为转移。由于经济环境的变化，只要金融市场主体参与相关的金融活动，就必然存在金融风险。

金融风险的不确定性指在金融市场主体的过程中，经营行为的结果使资产的盈利或亏损偏离预期结果的可能性。金融资产损失发生的不确定性程度越高，发生损失的严重性越大，则金融风险越大。金融风险何时何地发生、风险程度有多大都是不确定的。不确定性产生的根本原因在于世界的复杂性与人类认识的有限性之间的矛盾。

金融风险的可测性是指可以通过一定的概率统计方法，对金融风险的大小和运动规律进行科学预测，认识和掌握风险。正是因为金融风险是可测的，人民才能利用各种手段对金融风险进行测量和管理。

金融风险的破坏性是指金融风险发生后，可能对金融市场主体造成财务损失、项目失败，甚至严重的会导致金融主体破产、倒闭。这就要求人们在承认风险、认识风险的基础上，科学决策，尽量防范、化解和分散风险。

金融风险的传递性指金融风险在金融市场主体之间具有传播和扩散的特点。金融的国际化已成为当今经济全球化一个最主要的结果，突出地表现在国际金融交易资金规模空前增长，交易活动异常活跃，各种衍生工具日新月异，急剧膨胀。金融市场主体之间的联系日益密切，当某一主体发生风险时，它会很快地传递给与之有密切联系的经济主体，使之发生连锁反应。

6.2.2　金融风险的种类

金融风险的种类可根据不同的标准进行分类。

（1）根据风险来源分类，可分为以下 5 种风险。

①市场风险：指由于金融市场因素（例如利率、汇率、股票价格、商品价格等）的波动而导致金融资产损失的可能性。1996 年 1 月，巴塞尔委员会颁布的《资本协议市场补充规定》将市场风险划分为外汇风险、利率风险、商品风险和股权头寸风险。这些市场因素可能直接对企业产生影响，也可能是通过对其竞争者、供应商或者消费者间接对企业产生影响。

股票价格风险是指由于金融市场主体持有的股票价格发生不利变动而带来损失的风险。利率风险是指由于利率发生不利变化而造成金融市场主体经营损失的风险。利率风险又可以进一步划分为重新定价风险、收益率曲线风险、利率定价基础风险和期权性风险等几种形式。汇率风险是指由于汇率的不利变动而导致银行业务发生损失的风险。汇率风险一般因为银行从事以下活动而产生：一是商业银行为客户提供外汇交易服务或进行自营外汇交易活动（外汇交易不仅包括外汇即期交易，还包括外汇远期、期货、互换和期权等金融和约的买卖）；二是商业银行从事的银行账户中的外币业务活动（如外币存款、贷款、债券投资、跨境投资等）。外汇风险包括外汇交易风险和外汇结构性风险。商品价格风险是指金融市场主体所持有的各类商品的价格发生不利变动而给金融市场主体带来损失的风险。这里的商品包括可以在二级市场上交易的某些实物产品，如农产品、矿产品和贵金属等。

市场风险可以按照是否可以线性度量的标准，分为方向性和非方向性的风险。方向性风险是资产价值因金融变量波动而发生变化的风险，这些金融变量包括股价、利率、汇率和资产价格。非方向性风险是其他的金融市场风险，包括非线性风险、对冲头寸和波动性。本书后面的章节正是利用相关模型研究我国股票市场、汇率市场和利率市场的价格风险。

②流动性风险：指金融市场主体由于不能满足流动性需求，从而引发清偿性问题等所导致的风险。主要包括两种形式，一是非现金资产的流动性风险；二是资金的流动性风险。

③经营风险：又称操作风险，是指金融市场主体由于日常操作和工作流程失误所导致的风险。主要是指因经营系统不完善、管理失误、控制缺失或其他一些人为的错误而导致损失的可能性，尤其是因管理失误和控制缺位带来的损失。操作风险也会导致市场或信用风险。

④信用风险，又称违约风险，是指金融市场主体的交易一方不能依照约定条款履约所导致的另一方发生损失的风险。

⑤法律风险：指金融市场主体在进行经济活动中，当交易对手不具备法律或监管部门授予的交易权利时导致的损失。

（2）金融风险按照能否分散可分为非系统性风险和系统性风险。

①非系统性风险：指仅影响个别经济主体的因素所导致的风险。如个别经济主体的经营管理决策的失误，将给该经济主体带来风险，而对其他经济主体很少或不发生影响；某一行业政策的变化会给该行业的经济主体带来风险，而对其他行业的经济主体很少或不发生影响等。可见，非系统性风险是个别经济主体所面对的风险，是一种可分散的风险。也就是说，这类风险通过适当的投资组合是可以分散和消除的。

②系统性风险：指由于影响整个金融市场的因素所导致的风险。影响整个金融市场的因素包括整个金融市场在内的宏观经济财政政策和货币的变动、通货膨胀宏观经济状况的变化以及自然灾害和政治、战争等因素，会对金融市场上的全体或大部分经济主体产生影响。

系统性风险包括政策风险、经济周期性波动风险、利率风险、购买力风险、汇率风险等。对系统性风险的识别就是对一个国家一定时期内宏观的经济状况作出判断。系统风险造成的后果带有普遍性，其主要特征是某一金融市场资产价格的普遍下跌。系统性风险是全体或大部分经济主体所共同面对的风险，是不可分散的风险。也就是说，这类风险即使通过分散投资也是不能消除的。系统性风险又称市场风险。

6.2.3　金融市场风险的测度

金融市场风险的度量是管理金融风险的前提。随着金融的发展，金融市场风险度量方法经历了从简单到复杂的演变过程。金融市场参与者最初选用资产组合的价值作为测度市场风险的方法，即名义值（NotionalAmounts）度量法。随着新技术在金融领域的广泛应用，以及各种金融产品不断创新，金融市场规模和金融交易频率也随之迅速扩张。金融市场参与者面对更加复杂多变的金融市场和金融交易的波动。在这种情况下，名义值度量法无法满足市场实践的需要。一些更加精准的市场风险度量方法被不断地开发和引入。这些方法主要包括灵敏度方法、波动性方法、VaR 方法、压力试验或压力测试、极值理论等。

（1）名义值度量法。

在参与金融市场的交易中，人们认识到在市场交易活动中，资产组合的价值有可能遭受全部损失。人们最初选用资产组合的价值作为该组合的市场风险值，即名义值（NotionalAmounts）度量法来测度市场风险。这种方法使用起来十分方便简单，不需要进行复杂计算。但是，资产组合的价值遭受全部损失仅仅是市场风险的极端情形，在大多数情况下，资产组合的价值只会遭受部分损失。因此，名义值度量法仅仅是对市场风险的简单估计，一般会高估市场风险的大小。

（2）灵敏度方法。

灵敏度方法（Sensitivity Measures）最早应用于利率敏感性分析，对利率风险进行度量。灵敏度方法是利用金融资产价格对其市场因子（Market Factors）的敏感性来度量金融资产风险的方法。也就是说，测定市场因子的变化和证券组合价值变化间的关系，如久期、凸度、Delta、Beta、Gamma、Theta、Vega、Rho 等，通过计算这些市场因子的特定变量，以求出证券组合价值的变化量。标准的市场因子包括利率、汇率、股票指数和商品价格等。

资产组合的市场风险来自两方面的不确定性，即市场风险因子未来变动的幅度和方向。资产组合市场风险的大小取决于市场风险因子本身变动的方向和幅度和资产组合的价值对风险因子变动的敏感性。灵敏度方法简单直观、使用方便，在实际中有着应用广泛，但是同时也存在着一定的缺陷，如近似性、对产品类型依赖性高、难以度量复杂金融产品等。

（3）波动性方法。

波动性方法（Volatility Measure）：波动性方法是 Markowitz（1952）在其资产组合选择理论中提出的，就是利用统计学中方差或标准差的概念描述作为随机变量的资产收益值偏离其数学期望的程度。它能够反映未来收益的不确定性。波动性通过规范的统计方法量化由于市场风险因子的变化导致的资产组合收益的波动程度，以此来度量资产组合的市场风险。人们在实际应用过程中，通常把波动性和标准差等同起来。一般来说，标准差是用收益序列的历史方差—协方差方法来估计的。

波动性方法在现代金融风险管理中，特别是金融时间序列风险管理中占有重要位置，广泛应用于投资组合管理和金融衍生产品定价领域。本书主要就是采用波动性方法对我国股票市场、人民币汇率和利率等进行风险度量的研究，并探讨其带来的影响，以及如何管理系统性风险和非系统性风险。

（4）在险价值（VaR）方法。

VaR 方法是 J. P. Morgan 的风险管理人员于 1994 年提出的。VaR（Value at Risk）的含义为处于风险之中的价值，也称为"在险价值"。VaR 是指市场正常波动时，在一定的置信水平下，某一金融资产或资产组合在未来特定一段时间内的最大可能损失。VaR 方法能够对业务部门间的风险状况进行比较，并为风险资本分别提供基础。

VaR 方法可以用一个对应于给定置信水平的最大可能损失值反映，由于多个风险因子以及多个风险因子之间相互作用，而引致投资组合的整体市场风险。VaR 方法比较直观，易于理解，同时简便、有效、实用。VaR 方法在金融风险度量、测定内部经济资本需求、设定风险限额、进行绩效评估以及金融监管等方面有着广泛应用。

（5）极值理论和压力测试。

金融市场现实中常常会出现剧烈波动的状况，金融资产收益率的分布经常表现出"尖峰厚尾"的分布特征。极值理论和压力测试是为了考察金融市场的"厚尾分布"的情形或极端情形。

极值理论（Extreme Value Theory）实际上是应用极值统计方法来描述资产

组合价值变化的尾部统计特征，进而估计资产组合在极端情形下所面临的最大可能损失。这种方法实际上是极值统计在 VaR 计算和风险管理中的应用。

压力测试（Stress Testing）的核心思想是通过构造、模拟一些极端情景，度量资产组合在极端情景发生时的可能损失大小。

6.3

数据来源及描述

6.3.1　数据来源

2006 年 1 月 4 日起，中国人民银行授权中国外汇交易中心于每个工作日上午 9 时 15 分对外公布当日人民币对美元、欧元、日元和港币汇率中间价，作为当日银行间即期外汇市场（含 OTC 方式和撮合方式）以及银行柜台交易汇率的中间价。2006 年 8 月 1 日起公布人民币对英镑汇率价格。人民币兑美元汇率中间价的形成方式为：中国外汇交易中心于每日银行间外汇市场开盘前向银行间外汇市场做市商询价，并将做市商报价作为人民币兑美元汇率中间价的计算样本，去掉最高和最低报价后，将剩余做市商报价加权平均，得到当日人民币兑美元汇率中间价，权重由中国外汇交易中心根据报价方在银行间外汇市场的交易量及报价情况等指标综合确定。人民币兑欧元、日元、港币和英镑汇率中间价由中国外汇交易中心分别根据当日人民币兑美元汇率中间价与上午 9：00 国际外汇市场欧元、日元、港币和英镑兑美元汇率套算确定（http：//www. safe. gov. cn）。

本书选择 2006 年 8 月 1 日至 2011 年 12 月 31 日期间，我国外汇管理局公布的人民币对美元、欧元、日元、港币和英镑每日汇率中间价作为研究数据样本。汇率报价采取直接标价法，即 100 外币折合多少人民币。每个外汇序列有 1322 个数据。分别以 USD、GBP、JPY、EUR、HKD 表示人民币对美元、英镑、日元、欧元、港币的每日收益，每个外汇收益序列有 1321 个数据。以 P 表示各外汇序列的每日价格，r_t 表示其收益率

$$r_t = 100 \times \left[\ln(P_t) - \ln(P_{t-1}) \right] \tag{6-1}$$

6.3.2 数据描述统计

本书数据分析采用 S – plus8.0 软件和 R 软件中 CDVine 程序包（Brech-mann，EC.，Schepsmeier，U.，2012）。表 6 – 1 显示了数据样本期间各外汇收益序列的描述统计结果。

表 6 – 1   各外汇收益序列描述统计

	USD	GBP	JPY	EUR	HKD
均值	– 0.0178	– 0.0323	0.0116	– 0.0166	– 0.0178
标准差	0.0878	0.6888	0.7124	0.701	0.0905
偏度	– 0.5384	– 0.3958	– 0.1106	– 0.5571	– 0.4833
峰度	5.59	7.71	6.98	11.19	5.54
J – B 统计量	432	1254	873	3760	406
累计收益	– 23.5368	– 42.6919	15.353	– 21.9725	– 23.5535
累计方差	10.1745	626.2228	669.964	665.3052	10.8202

由表 6 – 1 可知，样本均值和累计收益都显示在数据样本期间，人民币对美元、英镑、欧元、港币都处于大幅升值过程，其中人民币对英镑的升值幅度最大；但是人民币对日元处于贬值的过程。样本标准差和累计方差显示出人民币对美元、港币汇率比较平稳，而人民币对英镑、日元、欧元汇率的波动较大。偏度指标显示，各外率收益都具有左偏的特点。样本峰度统计表明，所有外汇收益序列分布都比正态分布具有更高的峰度。J – B 统计量也表明其收益序列分布都显著不同于正态分布。对各外汇每日即期汇率序列和每日收益序列进行单位根检验，以确定其平稳性。检验方法选用 ADF（augmented Dickey – Fuller）检验方法。参照 SC（Schwarz information criterion）准则选择滞后期数（为简便起见，检验过程和结果略）。ADF 单位根检验的结果显示各外汇每日即期汇率序列含有 1 个单位根，各外汇每日收益序列不含单位根，为平稳序列，满足建模条件。

6.4

Vines Copula 模型结构

6.4.1　Vines Copula 模型边缘分布

在对高维投资组合进行风险分析时，不仅应模拟单个资产的边缘分布，还应考虑高维资产间的相依结构。对高维资产的多元联合密度函数进行 pair copula 分解，建立 Vine Copula 模型，并以此预测高维投资组合的市场风险。

利用藤 Copula 模型度量高维投资组合风险的关键是边缘分布的确定，由于 POT 模型在度量金融市场风险时具有很大的优越性，因而以广义帕累托分布（GPD）作为边缘分布。在利用 POT 模型对各外汇收益序列进行建模分析时，一个重要的问题是门限值 η 的确定，它是准确估计参数 ξ 和 β 的前提。η 的选择既是一个统计问题，又是一个金融问题，它不能纯粹的根据统计理论来选择（Tsay，2010）。如果 η 选取过高，会导致超限数据量太少，估计参数方差很大；如果 η 选取的过低，则不能保证超限分布的收敛性，估计结果产生大的偏差。经比较后，作者分别对各外汇收益选择合适的阈值，对各外汇收益分布的下尾和上尾同时建立 POT 模型，使得下尾超限数据的比例达 11.28%、上尾超限数据的比例达 11.36%。各外汇收益 POT 模型的估计结果如表 6-2 所示。

表 6-2　　　　各外汇收益极值模型估计结果

	下尾			上尾		
	阈值	ξ	β	阈值	ξ	β
USD	-0.12136	-0.0589 (-0.61)	0.071 (7.92)	0.06442	-0.0153 (-0.17)	0.0581 (8.16)
GBD	-0.72591	0.2286 (2.08)	0.4032 (7.35)	0.681	0.0471 (0.65)	0.4122 (9.17)
JPY	-0.67807	0.1167 (1.26)	0.461 (8.1)	0.7735	0.0413 (0.4)	0.4733 (7.6)

续表

	下尾			上尾		
	阈值	ξ	β	阈值	ξ	β
EUR	-0.79049	0.1173 (1.6)	0.4066 (9.13)	0.67786	0.0387 (0.44)	0.4682 (8.29)
HKD	-0.12551	-0.0057 (-0.07)	0.0657 (8.42)	0.06993	-0.0423 (-0.48)	0.061 (8.29)

注：参数估计值后（）中数值为 t 统计量。

由表 6 - 2 各外汇收益 POT 模型估计结果可知，在超出阈值的尾部数据占样本数据相同的比例下，美元和港元下尾阈值的绝对值和上尾阈值较小，而英镑、日元、欧元的下尾阈值的绝对值和上尾阈值较大。因此，在我国外汇市场中美元、港元汇率相对稳定，市场风险较小；英镑、日元、欧元汇率的波动较大，市场风险较大。

6.4.2 Vines Copula 模型种类的确定

在我国外汇市场中，人民币对美元、英镑、日元、欧元、港币等 5 种外汇序列分别建立边缘分布模型后，通过概率积分变换确定各自在 POT 模型下的概率分布。利用转换后的数据序列建立 5 种外汇的 Vines Copula 模型。

建立 5 种外汇的 Vines Copula 模型时，首先确定 D - vine Copula 和 C - vine Copula 模型的选择问题。为确定我国外汇市场中，美元、英镑、日元、欧元、港币等 5 种外汇之间是否存在着关键变量，对其他变量具有显著影响，通过经验 Copula 函数的经验 Kendall 秩相关系数 $\hat{\tau}_{i,j}$ 加以判断。如后文模型结果所示，我国外汇市场中五种主要外汇汇率之间存在明显的相关性，因此适合 C - vine Copula 模型。建立 C - vine Copula 模型，应确定构成 C - vine 根节点的次序和每棵树中 Pair - Copula 的具体形式。对于 C - vine Copula 模型来说，第一个根节点尤为主要，因为它在所有变量中处于核心地位的、对其他变量有绝对影响的变量。利用变量之间经验 Copula 函数的 Kendall 秩相关系数确定 C - vine Copula 模型中第一个根节点。Deheuvels（1978）提出了经验 Copula 函数 $\hat{C}$ 的非参数估计方法。令 $u_{(1)} \leqslant u_{(2)} \leqslant \cdots \leqslant u_{(n)}$ 和 $v_{(1)} \leqslant v_{(2)} \leqslant \cdots \leqslant v_{(n)}$ 为来自 Copula

函数 C 的单变量样本的顺序统计量。

点 $\left(\dfrac{i}{n},\dfrac{j}{n}\right)$ 的经验 Copula 函数 $\hat{C}$ 为

$$\hat{C}\left(\frac{i}{n},\frac{j}{n}\right)=\frac{1}{n}\sum_{k=1}^{n}1_{[u(k)\leqslant u(i),v(k)\leqslant v(j)]},i,j=1,2,\cdots,n \qquad (6-2)$$

Deheuvels 证明了当样本容量无穷大时，经验 Copula 函数 $\hat{C}$ 一致收敛于 Copula 函数 C。表 6-3 显示了五种外汇之间的经验 Kendall 秩相关系数以及经验 Kendall 秩相关系数的绝对值之和。

表 6-3　　　　　　　　经验 Kendall 秩相关系数及绝对值和

	USD	EUR	JPY	HKD	GBP	绝对值和
USD	1	- 0. 33646	- 0. 10664	0. 709114	- 0. 18402	2. 336231
EUR	- 0. 33646	1	0. 0508453	- 0. 24691	0. 425821	2. 060035
JPY	- 0. 10664	0. 050845	1	- 0. 0924598	- 0. 0496502	1. 299592
HKD	0. 709114	- 0. 24691	- 0. 0924598	1	- 0. 1275021	2. 175985
GBP	- 0. 18402	0. 425821	- 0. 0496502	- 0. 1275021	1	1. 786993

由表 6-3 可知，美元、英镑、日元、欧元、港币等 5 种外汇之间存在明显的相关性，其中美元在描述 5 个变量相关性中，对其他变量处于核心地位。因此，选择 C - vine Copula 模型作为描述 5 种外汇的 Vine Copula 模型，模型结构为

$$f(x_1,x_2,x_3,x_4,x_5)=f(x_1)\cdot f(x_2)\cdot f(x_3)\cdot f(x_4)\cdot f(x_5)$$
$$\cdot c_{12}[F(x_1),F(x_2)]\cdot c_{13}[F(x_1),F(x_3)]$$
$$\cdot c_{14}[F(x_1),F(x_4)]\cdot c_{15}[F(x_1),F(x_5)]$$
$$\cdot c_{23|1}[F(x_2|x_1),F(x_3|x_1)]$$
$$\cdot c_{24|1}[F(x_2|x_1),F(x_4|x_1)]$$
$$\cdot c_{25|1}[F(x_2|x_1),F(x_5|x_1)]$$
$$\cdot c_{34|12}[F(x_3|x_1,x_2),F(x_4|x_2,x_3)]$$
$$\cdot c_{35|12}[F(x_3|x_1,x_2),F(x_5|x_2,x_3)]$$
$$\cdot c_{45|123}[F(x_4|x_1,x_2,x_3),F(x_4|x_1,x_2,x_3)] \qquad (6-3)$$

6.4.3　C - vine Copula 模型结构的确定

C - vine Copula 模型结构的确定，取决于模型中变量节点的选择。由

表 6 - 3 显示的五种外汇间经验 Kendall 秩相关系数的绝对值和最大值的为 2.3362，因此可以确定，C - vine Copula 模型的第一个根节点应选择美元（USD）。表 6 - 3 还显示，美元和港币之间、欧元和英镑之间存在显著的正相关，Kendall 秩相关系数分别为 0.7091、0.4258，而美元和欧元之间、欧元和港币之间存在负相关。根据表 6 - 3 中各变量经验 Kendall 秩相关系数的绝对值之和可以判断美元变量适合作为 C - vine Copula 模型值的第一个根节点。

确定美元为 C - vine Copula 模型的第一个根节点之后，根据 Vuong 检验和 Clarke 检验，在给定的多个 Copula 函数形式中，通过比较得分，选择 Pair - Copula 函数，并估计其参数，计算出 H 函数和对应变量之间的经验 Kendall 秩相关系数，以及每个对应的经验 Kendall 秩相关系数绝对值和，选择最大值所对应的变量作为 C - vine Copula 模型的第二个根节点。根据 C - vine Copula 模型的相关理论和 H 函数确定的经验 Kendall 秩相关系数 $\hat{\tau}_{i,j}$，依次确定 C - vine Copula 模型中其他根节点变量。表 6 - 4 和表 6 - 5 显示了第二和第三个根节点变量的判断结果。

表 6 - 4   经验 Kendall 秩相关系数及绝对值和

	EUR	JPY	HKD	GBP	绝对值和
EUR	1	- 0.0061202	0.012624	0.381974	1.400718
JPY	- 0.00612	1	- 0.00039	- 0.0786801	1.08519
HKD	0.012624	- 0.00039	1	- 0.0007822	1.013796
GBP	0.381974	- 0.0786801	- 0.0007822	1	1.461436

由表 6 - 4 可知，C - vine Copula 模型中第二个根节点变量为英镑（GBP）。

表 6 - 5   经验 Kendall 秩相关系数及绝对值和

	EUR	JPY	HKD	绝对值和
EUR	1	0.032806	0.000399	1.033205
JPY	0.032806	1	- 0.00294	1.035744
HKD	0.000399	- 0.00294	1	1.003338

由表 6 - 5 可知，C - vine Copula 模型中第三个根节点变量为日元（JPY），并选择欧元作为 C - vine Copula 模型中第四个根节点，选择港元作为 C - vine

Copula 模型中第五个根节点。

C – vine Copula 模型中根节点依次确定为美元、英镑、日元、欧元和港币。

6.4.4   C – vine Copula 模型估计

在确定 C – vine Copula 模型的根节点之后，根据 Vuong 检验和 Clarke 检验，在给定的多个 Copula 函数形式中，通过比较得分，选择 Pair – Copula 函数，并估计其参数。与 Copula 函数有许多种类，本书主要从常用的椭圆 Copula 函数族、阿基米德 Copula 函数族及其旋转后形成的、共 31 种 Copula 函数中选择具体的 Pair – Copula 形式。包括正态 Copula、学生 t Copula 两种椭圆形 Copula 函数，Clayton，Gumbel，Frank 和 Joe 四种单变量阿基米德 Copula 函数，Clayton – Gumbel（BB1）、Joe – Gumbel（BB6）、Joe – Clayton（BB7）和 Joe – Frank（BB8）四种双变量阿基米德 Copula 函数。由于椭圆形 Copula 函数和一般阿基米德 Copula 函数不能够模拟变量之间的负相关情景，因此，将 Clayton，Gumbel，Joe，BB1，BB6，BB7 和 BB8 等 7 种 Copula 函数分别旋转 180 度、270 度和 90 度，形成各自对应的新的 Copula 函数形式 C_{180}，C_{270} 和 C_{90}。C_{270} 和 C_{90} 函数能够模拟变量之间的负相关情景，C_{180} 函数称之为生存 Copula 函数。

$$C_{90}(u_1, u_2) = u_2 - C(1 - u_1, u_2)$$
$$C_{180}(u_1, u_2) = u_1 + u_2 - 1 + C(1 - u_1, 1 - u_2) \qquad (6 - 4)$$
$$C_{270}(u_1, u_2) = u_1 - C(u_1, 1 - u_2)$$

表 6 – 6   C – vine Copula 模型估计结果

树	二元变量	Copula	参数 1	参数 2
1	USD，GBP	BB8（270）	– 4.26104	– 0.39018
1	USD，JPY	Frank	– 0.97702	
1	USD，EUR	BB8（270）	– 6	– 0.46182
1	USD，HKD	Frank	4.4472	
2	GBP，JPY｜USD	t	– 0.11254	2.97137
2	GBP，EUR｜USD	t	0.5793	5.6269
2	GBP，HKD｜USD	Frank	0.16355	

续表

树	二元变量	Copula	参数 1	参数 2
3	JPY，EUR｜USD，GBP	t	0.05149	6.88476
3	JPY，HKD｜USD，GBP	Joe（90）	−1.03753	
4	EUR，HKD｜USD，GBP，JPY	Frank	0.02208	
极大似然值		771.5668		

注：BB8（270）表示 BB8 Copula 旋转 270 度，Joe（90）表示 Joe Copula 旋转 90 度。

在依次确定的 Pair – Copula 函数形式和参数估计的基础上，利用极大似然估计方法对 C – vine Copula 模型中所有的参数进行估计。表 6 – 6 显示出模型结果。图 6 – 1 和图 6 – 2 显示了 C – vine Copula 模型中树 1 和树 2 结构图，图中显示了两个变量之间的 Pair Copula 函数和理论 Kendall 相关系数。

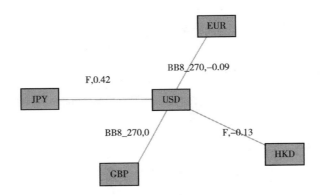

图 6 – 1　C – vine Copula 模型树 1

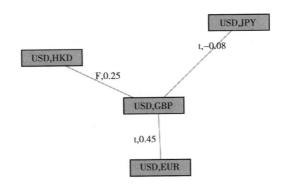

图 6 – 2　C – vine Copula 模型树 2

6. 5

基于 C – vine Copula 模型的高维投资组合风险估计

6.5.1　在险价值和期望损失

金融市场中常用在险价值（Value – at – Risk，VaR）和期望损失（expec-ted shortfall，ES）作为衡量市场风险的指标。VaR 是指在正常的市场条件下和给定的置信水平下，投资者在给定的时间区间内最大期望损失。在概率框架中定义 VaR 是指在一定置信水平下，某一金融资产价值在未来特定时期内的最大可能性损失。令 $\Delta V(l)$ 表示金融头寸中，从 t 时刻到 t + 1 时刻的资产价值的变化，$F_l(x)$ 表示 $\Delta V(l)$ 的累积分布函数（cdf），一个多头头寸在持有期 l 中概率为 p 的 VaR 为

$$p = P[\Delta V(l) \leqslant VaR] = F_l(VaR) \tag{6-5}$$

当资产价格增加时，空头头寸的持有者遭受损失。计算一个空头头寸在持有期 l 中概率为 p 的 VaR 时，可以将资产价格序列转化为负数，利用式（6 – 4）计算多头头寸 VaR 的方法。

虽然 VaR 被称为是一种具有前瞻性的风险度量方法，但是 VaR 在投资组合应用中也存在一些局限性：一是不满足一致性公理，二是尾部损失测量的非充分性。为了弥补 VaR 风险度量的不足，Artzner 等（1997，1999）提出期望不足的概念。期望不足 ES 是与 VaR 有关的风险度量方法，指超过 VaR 后的期望损失。对于给定概率 p，期望损失（ES）为

$$ES_p = E(r \mid r > VaR_p) = VaR_p + E(r - VaR_p \mid r > VaR_p) \tag{6-6}$$

6.5.2　基于 C – vine Copula 模型的投资组合风险度量

准确度量投资组合市场风险，对于投资组合管理来说是非常重要的。但是，对投资组合市场风险传统的度量方法是在正态分布假设下进行的，而现实的市场表现表明正态分布假设与实际并不相符。利用厚尾分别模型（如 POT 模型）和 Copula 方法量化投资组合的市场风险能够带来更加保守、更加符合

实际的度量结果（Carmona，2004）。

为表述简便，假设投资组合有两种资产构成（多项资产情况下并没有实质的区别）。设两种资产分别由 S_1 和 S_2 表示，则在初始时刻投资组合的价格表示为

$$V_0 = n_1 S_1 + n_2 S_2 \qquad (6-7)$$

其中 n_1，n_1 分别表示资产组合中持有的资产 S_1 和资产 S_2 的量。假设时期结束时资产价格分别为 S_1' 和 S_2'，令 X 和 Y 分别表示资产 S_1 和资产 S_2 在投资时期内的对数收益率，即

$$X = \log\left(\frac{S_1'}{S_1}\right), \quad Y = \log\left(\frac{S_2'}{S_2}\right) \qquad (6-8)$$

则投资期末资产组合价值为

$$V = n_1 S_1' + n_2 S_2' = n_1 S_1 e^X + n_2 S_2 e^Y$$

令 λ_1 和 λ_2 分别表示资产 S_1 和 S_2 在投资组合中的比重。那么投资组合的对数收益率为

$$R = \log\left(\frac{V}{V_0}\right) = \log\left(\frac{n_1 S_1}{n_1 S_1 + n_2 S_2}e^X + \frac{n_1 S_2}{n_1 S_1 + n_2 S_2}e^Y\right) = \log(\lambda_1 e^X + \lambda_2 e^Y)$$

$$(6-9)$$

对于给定的概率水平 q，投资组合的 VaR 定义为给定概率损失分布的 q 分位点

$$q = p\{-R \geqslant r\} = P\{R \leqslant -r\} = F_R(-r) = P\{\log(\lambda_1 e^X + \lambda_2 e^Y) \leqslant -r\}$$

$$(6-10)$$

对于给定的概率水平 q，投资组合的期望损失 ES 为

$$ES = E\{-R \mid -R > VaR_q\} \qquad (6-11)$$

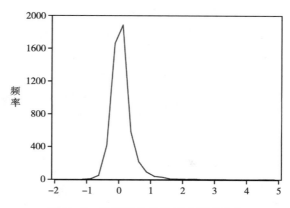

图 6-3　投资组合收益经验概率分布

在表 6 – 5 显示的 C – vine Copula 模型下，假设 5 种外汇所构成的投资组合中，各种外汇资产的投资比例均等，即各为 20%。利用蒙特卡洛方法对 C – vine Copula 模型模拟 10000 次，计算在不同置信水平下，未来 1 天投资组合的 VaR 和 ES 如表 6 – 7 所示。图 6 – 3 显示了模拟结果的投资组合收益率经验概率分布情况。

表 6 – 7　　　　　　　　　　C – vine Copula 风险度量

q	VaR	ES
0.05	0.3207928	0.445028
0.01	0.5080438	0.638249

6.6

本章小结

本章基于 Vines Copula 模型对金融市场风险测度问题进行了实证研究。选择 2006 年 8 月 1 日至 2011 年 12 月 31 日期间，以我国外汇管理局公布的人民币对美元、欧元、日元、港币和英镑每日汇率中间价作为研究对象，利用 C – vine Copula 模型研究 5 种汇率之间的相关性。实证结果表明美元在我国外汇市场中对汇率市场的相关性解释中，具有关键性作用。并在介绍金融市场风险特点、种类和 VaR 和 ES 度量方法的基础上，利用蒙特卡洛模拟方法，模拟在 C – vine Copula 模型下，5 种汇率投资组合的 VaR 和 ES。

第 7 章

上篇研究结论与展望

7. 1

研究总结

本书上篇在对 Vines Copula 理论梳理的基础上，探讨了 Vines Copula 模型的构建、估计方法，利用 Vines Copula 模型的边缘分布模型和 Vines Copula 模型对我国股票市场和外汇市场以及人民币汇率等问题进行相关的实证分析。主要结论如下：

（1）在金融分析研究中，Copula 理论克服了传统的多变量服从多元正态分布的假设，将随机变量的边缘分布函数和其联合分布函数连接起来。Copula 函数不但能够描述变量之间的相关程度，还能够描述变量间的相依结构，因此 Copula 模型能够更强的刻画现实金融序列分布的模型。

（2）利用 Pair Copula 函数对多元分布进行分解，建立 Vine Copula 模型，克服了在描述多个资产收益之间的相关性时，多元 Copula 模型显示出明显的局限性。通过 Pair – Copula 对多元分布进行分解，建立 Vines Copula 模型能够解决在多个资产收益相关性建模中存在的困难。相比于多元 Copula 模型，Vines Copula 模型能够更好地模拟多个资产收益之间的相关性。

（3）由于 Vines Copula 模型结构存在复杂多样性，特别是随着变量维度的增加，Vines Copula 模型结构形式难以逐一列举。而运用 Vines Copula 模型中结构相对简单的 C – vine Copula 模型和 D – vine Copula 模型，能够较好地利用 Vines Copula 模型的优点，解决金融分析中的实际问题。

（4）Vines Copula 模型的边缘分布模型存在多种形式。利用 ARMA – GARCH 模型研究金融危机对中国沪深 300 指数波动的影响，研究结果表明金

融危机对中国沪深 300 指数波动性质带来了实质的影响。利用 VAR 模型研究
中国与主要贸易伙伴之间的汇率联动分析问题，结果表明中国大陆与主要贸易
伙伴的汇率之间存在长期稳定的协整关系。基于 MGARCH 模型的东亚次区域
汇率合作中人民币的选择问题进行研究。结果表明，人民币应当有选择、有计
划的参与东亚区域汇率合作，争取在东亚区域汇率合作中发挥主导作用。近
期，人民币通过分别与港元、台币以及与个别东盟国家货币之间开展次区域汇
率合作，建立和盯住次区域共同货币，促使人民币在两个次区域中与其他货币
融合。中期，以人民币为主导将两个次区域整合为统一货币区；远期，人民币
将进一步开展与日元和韩元的合作，最终完成东亚货币一体化的进程。

（5）基于 Copula 模型对世界主要股市风险相依性问题研究表明，世界主
要股票市场指数之间存在明显的风险相应关系，其中香港股市和 A 股市场的
相依性最强。

（6）基于 Vines Copula 模型对金融市场风险测度的研究表明，C – vine
Copula 模型能够较好地模拟我国外汇市场中美元、欧元、日元、港币和英镑等
5 种汇率之间的相关性。在对模型估计的基础上，通过蒙特卡洛模拟方法和相
关计算能够得出在 C – vine Copula 模型下 5 种汇率投资组合的 VaR （Value at
Risks） 和 ES （Expected Shortfall）。

7.2

研究展望

随着对 Copula 理论及其应用研究的深入，多元 Copula 模型显示出明显的
局限性。Vines Copula 模型的提出能够解决单一 Copula 函数在多个资产收益相
关性建模中存在的困难。尽管本书对 Vines Copula 模型相关理论进行了梳理，
使用不同种类的 Pair Copula 函数建立 Vines Copula 模型，对金融市场的风险相
依性以及投资组合的市场风险度量进行研究和探索，并取得了一些研究成果，
但是受作者学识和篇幅及研究时间的限制，本书的研究还存在一些问题有待将
来做进一步研究。归纳起来主要有以下 4 个方面：

（1）关于动态 Vines Copula 模型的研究。本书在对 Vine Copula 模型的建
立和研究时，假设 Vines Copula 模型结构 （树的构成和次序） 和 Pair Copula 函
数都不具有时变性。这在一定程度上和金融市场现实的复杂性不符。值得一提

的是 Patton（2006）提出了二元时变 Copula 模型，将 Copula 从静态模型扩展到了动态范围，但是对于 Vines Copula 模型结构时变性的研究尚属空白。

（2）关于一般 Vines Copula 模型的研究。本书对 R – vine Copula 模型结构中的 C – vine Copula 模型和 D – vine Copula 模型进行了研究，但是并未展开对于更加一般的 R – vine Copula 模型的研究。

（3）关于如何从众多的 R – vine Copula 模型中选择最优结构形式的研究。虽然本书利用经验 Copula 估计多变量之间的 Kendall 秩相关系数的方法，确定 C – vine Copula 模型和 D – vine Copula 模型种类的选择，并且以此确定 C – vine Copula 模型的结构形式，但是对于如何从众多的 R – vine Copula 模型中选择最为适合多变量数据结构形式的问题，本书尚未涉足。

（4）关于 Vines Copula 模型在金融分析中的进一步应用研究。本书利用 Vines Copula 模型研究了金融变量之间的风险相依性和多变量投资组合的风险度量问题，但是作为新兴的理论和工具，Vines Copula 模型在投资组合优化、金融衍生产品定价领域都有着广阔的应用空间。

下篇

第8章

海上丝路指数发展现状

8.1

海上丝路指数发展

宁波航运交易所于 2011 年正式成立，海上丝路指数（Maritime Silk Road Index，MSRI）是用于衡量国际航运和贸易市场整体发展水平，反映国际航运和贸易市场变化趋势的指数体系，是由宁波航运交易所应用"互联网＋"、大数据理念和技术，整合国际航运、贸易等相关行业数据编制发布。海上丝路指数于2013 年 9 月首发，目前已发布的指数包括宁波出口集装箱运价指数（NCFI）、宁波航运经济指数（NSEI）和海上丝路贸易指数（STI）。海上丝路指数之宁波出口集装箱运价指数于 2013 年 9 月 7 日发布，该指数是海上丝路指数的首发指数，通过统计宁波港集装箱进出口 21 条国际航线的集装箱货运价格变动信息，计算出宁波港集装箱运价指数，客观反映国际集装箱班轮运输市场的运价走势。2015年 7 月 10 日，中国航海日论坛期间，宁波航运交易所又发布了海上丝路指数之宁波航运经济指数（Ningbo Shipping Economic Index，NSEI），用以反映国内航运企业经营状况和航运市场动态行情的综合经济指标。2017 年 5 月 10 日，海上丝路贸易指数正式发布并被列为"一带一路"国际合作高峰论坛成果之一。

8.2

海上丝路指数的服务功能分析

8.2.1 政府决策参考功能分析

航运指数作为航运市场的风向标，为一些大型国际通用的指数，一直代表着航运市场"晴雨表"。航运指数走势代表着整个国际航运市场大环境的变化。当某些指数到达某个临界值时，表示市场已经发生了巨大的变化，这就需要政府加以调控，根据出现的问题寻找具体的指数，利用这些指数的形成数据进行分析，寻找结论从而做出相应的决策。以宁波"海上丝路指数"为例，宁波出口集装箱运价指数和宁波航运经济指数分别代表了宁波舟山港出口集装箱运输市场与航运经济的情况。当受外部环境影响，在某个时期集装箱的运价出现大幅波动时，势必会影响到集装箱吞吐量，而宁波航运经济指数出现大幅波动时，势必反映了国内航运企业经营状况和航运市场的动态变化。政府决策部门为保证航运市场的稳健发展，可根据这些数据作出调整以达到航运市场波动的动态平衡，维护我国航运经济发展的目的。此外，政府还可根据航运指数的波动，从中预测未来航运市场的发展状况，为未来的航运市场发展寻找新的方向。

以欧洲到地中海航线为例，2017 年 3 月由于工厂生产能力尚未完全恢复，市场运输需求回升不够，加之春节过后，原本临时停航航班基本恢复运营，航运市场运力出现明显增长，但航线装载率一直徘徊不前，运价难以得到支撑上涨，导致各航商意欲推动 GRI 推涨计划最终未能落地，反之各家航商为维持自身市场份额，彼此压价竞争，市场运价的历史低位被不断打破。迫于经济通缩压力影响，欧洲央行本月再度宣布调低欧元区三大主导利率，期望通过货币宽松政策来刺激航运市场的经济复苏。总体上 3 月欧洲航线指数平均值为138.8 点，较上月下跌 53.2%，较去年同期下跌 77.9%；地东航线指数平均值为 150.2 点，较上月下跌 50.7%，较去年同期下跌 77.3%；地西航线指数平均值为 153.1 点，较上月下跌 56.9%，较去年同期下跌 81.9%。而在 4 月随着欧洲央行的三大主导利率降低，一定程度上给了各航商信心，随着运力收缩力度的加大，供需关系紧张局面得到一定缓解，多数航商于月初开始着力推动运价上涨，尽管涨价后的运价难以稳定，但市场改善程度取得一定收益。临近 4 月末时，航商趁节前出运小高峰，再度提涨运价，运价涨幅达 68%；地中海航线由于前期运力缩减幅度较大，供需关系相对较好，中旬起市场运价呈缓慢回落态势，至月底出现低位反弹。总体上通过央行的主导利率调整，4 月欧洲航线指数平均值为 221 点，较上月上涨 59.2%，较去年同期下跌 39.5%；地东航线指数平均值为 364 点，较上月上涨 142.4%，较去年同期下跌 12%；地西航线指数平均值为 345.2 点，较上月上涨 125.5%，较去年同期下跌 32.9%。

8.2.2　企业经营指导功能分析

以宁波"海上丝路指数"为例，海上丝路指数包括宁波出口集装箱运价指数、宁波航运经济指数、海上丝路贸易指数三大指数。其中宁波出口集装箱运价指数的数据来源于电子商务交易平台和市场交易数据进行自动化数据处理和编制发布，有效保证了样本数据的原始性、真实性和实效性，是航运指数领域的重大突破创新，目前已有数百家国内外企业和机构订阅了 NCFI 指数报告。而 NSEI 指数则依托浙江省港航管理局和宁波市港航管理局共建的航运经济监测分析平台实现样本数据实时高效采集。该平台目前取样注册在浙江省内的企业超过百家，均是在国内干散货、液货运输等领域具有代表性的航运企业，由此可见，海上丝路指数的变化代表着浙江省内，尤为宁波众多航运企业，货代企业的经营变动。该平台为广大国内航运企业提供基于云服务的企业经营管理功能，并创新性实现政务申报统计数据从企业日常经营管理的原始数据进行抽取和自动计算转换，大大降低了企业自身的信息化投资成本和数据申报工作量，显著提升了行业数据统计效率和质量。企业经营者可根据该平台所提供数据对企业经营与发展做一个宏观调控。

8.2.3　金融服务功能分析

航运金融的本质就是无套利均衡：当市场处于不均衡状态时，由供需关系所决定的价值将会出现价格偏离，此时套利机会出现；外来的套利资金力量刺激会推动市场达到一个均衡水平。航运衍生品的出现为市场参与者提供了便捷和高效的套利手段，航运衍生品市场越发达，市场效率越高，重建均衡的速度也越快。从发展成熟的国外航运金融市场中可以看到，航运市场开放程度不断加大后，最终的价格不再是传统的真实贸易形成的价格，而是把市场投机参与者需求考虑进来的价格。

我国作为亚太地区的最大经济体，是世界最大集装箱货源地。据统计，目前国内参与 FFA 交易只有少量航运商和贸易商。2008 年，国内三大航空公司由于航空期货浮亏逾百亿元，这与"游戏规则"由他人制定和自身对相关市场和规则不熟悉有一定关系。因此，在航运金融领域我国应该积极打造属于自己的航运衍生品，成为市场的主导者，而不仅仅是市场的参与者。在国家和上海地方政府政策扶持下，为积极推动上海国际航运中心和金融中心的建设，2009 年上海航运交易所发布了 SCFI 指数，并打造基于 SCFI 的集装箱运价衍生品。在 2011 年 6 月，上海航交所进一步推出集装箱运价指数期货交易，打造用于场内交易的电子平台系统。SCFI 集装箱运价指数的出现填补了我国航运金融衍生品市场的空白，成为集装箱市场避险和投资的新工具。这对于宁波海上丝路指数在金融方向的应用研究具有非常深刻的指导意义。从波罗的海运价指数运作经验可以得知，指数走向国际化，并不断发展指数挖掘规避风险的功能将是航运指数可持续发展的最主要方向。海上丝路指数作为波罗的海交易所自 1744 年成立以来首次发布其他机构编制的指数，对于宁波"海上丝路指数"来说是一个难得的契机，应利用其特殊地位衍生发展自己的金融衍生品，在国际航运市场上站稳脚跟。

第 9 章

航运金融衍生品及其相关理论

航运金融衍生品概述

9.1.1　航运运价衍生品

运价衍生品是金融衍生品（Derivative）的一种，是以转移风险或收益为目的，价值依赖于标的资产（Underlying Asset）价值变动而变动的跨期合约。具有依赖性、定价复杂、高杠杆、高风险等四大特征。根据交易场所不同，可分为场内交易衍生品（Exchange Trade）和场外交易衍生品（Over the Counter，OTC）。根据产品的形态，金融衍生品可以分为远期（Forwards）、期货（Futures）、期权（Options）和互换（Swaps）。航运市场应用的金融衍生品是远期运价协议（Freight Forwards Agreement，FFA），航运期权、航运期货，集装箱运价衍生品交易还会涉及互换。

9.1.2　航运运价衍生品的优势

运价衍生品与运费价格紧密联系，对航运企业来讲，利用运价衍生品降低运费波动对收入或成本的影响，是其最重要的功能。当航运企业开发新项目或者开辟新航线时，如果发现有相应航线可以利用的运价衍生品，就可以用来控制风险，减少控制成本。

运价衍生品的优势还包括很好的流动性、适应性，涵盖全球重要贸易航线。此外也很灵活，比如，即使没有相同的航线，只要能够找出较为接近的标准航线，确定好合同内容，也可以进行操作，还可以很灵活地做投资组合。

9.1.3 航运运价衍生品的风险

航运运价衍生品除了具有金融衍生品普遍具有的风险之外，还有着其独有的风险。

（1）波动率风险。

各期货交易所设置了每日期货交易价格区间，即使市场上出现剧烈波动，也能在一定范围内有效控制风险，既能保护市场秩序，又能保护市场参与者。然而现状是多数航运衍生品交易都以场外交易方式进行，双方在场外自由缔结和约，因此无法有效干预市场，在市场大幅波动时，可能会影响合约的顺利完成，无法实现套期保值和价格发现的最初目的。

（2）套期保值率风险。

一般金融衍生品市场交易中大多以手为单位，而通常运价衍生品市场以海运量衡量交易合约数量。但预测未来市场时，会有海运现货资产与套期保值资产价值不一致的风险可能。

（3）基差风险。

在期货中基差指期货不同时间区间的差价。因为当逐渐接近期货合约到期日时，期货合约价格也逐渐向现货价格靠拢。参与者必须持续关注整个期货市场，才能在期货价格变化的最好节点对冲现货市场的价格。然而运价衍生品合约缺乏完全统一的市场价格传递公开系统，且合约的细节与达成完全由合约双方人自行协商敲定，因此更不容易察觉基差风险。

（4）其他风险。

合同另一方可能被清算或破产，从而不再有履行合同的责任。可能出于各种原因拖延款项支付，造成另一方资金流出现问题等。使用运价衍生品还可能涉及其他外来风险，比如近年以投机套利为出发点的参与者（投行、基金等金融组织机构）越来越多，他们本来就对金融衍生品市场游戏规则十分熟悉，资金实力又十分雄厚，一定程度上打乱了运价衍生品市场原本的秩序。

9.2

航运运价远期合约（FFA）

9.2.1　远期合约特点

航运运价远期合约是金融远期合约的一种。远期合约是 20 世纪 80 年代初兴起的一种保值工具，它是指交易双方约定在未来的某一确定时间，以确定的价格买卖一定数量的某种金融资产的合约。合约中要规定交易的标的物、有效期和交割时的执行价格等项内容。

远期合约指合约双方同意在未来日期按照固定价格交换金融资产的合约，承诺以当前约定的条件在未来进行交易的合约，会指明买卖的商品或金融工具种类、价格及交割结算的日期。

远期合约规定了将来交换的资产、交换的日期、交换的价格和数量，合约条款因合约双方的需要不同而不同。远期合约主要有远期利率协议、远期外汇合约、远期股票合约。远期合约买方和卖方达成协议在未来的某一特定日期交割一定质量和数量的商品。价格可以预先确定或在交割时确定。远期合约通常不在交易所内交易，是场外交易，交易双方都存在信用风险。远期合约也存在某些场内交易的情况，如伦敦金属交易所中的标准金属合约是远期合约，它们在交易所大厅中交易。

远期合约是必须履行的协议，不像可选择不行使权利（即放弃交割）的期权。远期合约亦与期货不同，其合约条件是为买卖双方量身定制的，通过场外交易（OTC）达成，而后者则是在交易所买卖的标准化合约。远期合约与期货合约是非常相似的，除了远期合约并不是在交易所交易及交易标准固定的资产。对远期合约的平仓不像对期货合约的平仓那么容易，因此，远期合约到期往往会促成标的资产的交割。而在期货交易中，合约会在到期日之前被平仓。二者的区别在于：标准化和灵活性不一样；场内场外交易、二级市场发展不一样。

远期合约的特点为：

（1）未规范化、标准化，一般在场外交易，不易流动。

（2）买卖双方易发生违约问题，从合约签订到交割期间不能直接看出履约情况，风险较大。

（3）在合约到期之前并无现金流。

（4）合约到期必须交割，不可实行反向对冲操作来平仓。

在远期合约签订之时，它没有价值，支付只在合约规定的未来某一日进行。在远期市场中经常用到两个术语：

①如果即期价格低于远期价格，市场状况被描述为正向市场或溢价。

②如果即期价格高于远期价格，市场状况被描述为反向市场或差价。

9.2.2　航运运价远期协议

FFA 是 "Forward Freight Agreements" 的缩写，即 "远期运费协议"。不同的经纪公司对 FFA 有不同的定义，尽管解释大不相同，但通俗来讲，FFA 是买卖双方达成的一种远期运费协议，协议规定了具体的航线、价格、数量等等，且双方约定在未来某一时点，收取或支付依据某机构发布的运费指数价格与合同约定价格的运费差额。

从本质上说，FFA 是一种运费风险管理工具，其产生都是源于航运市场生产经营过程中面临现货价格剧烈波动而带来风险时，自发形成的买卖远期合同的交易行为。运费套期保值，就是把运费作为一种商品，船东或货主通过 FFA 市场为运营环节买了保险，保证其稳定运营的可持续发展。同样，和所有的期货期权产品相同，FFA 也是一种套利工具。

9.3

航运运价期货合约

9.3.1　期货合约概述

期货合约是指由期货交易所统一制定的、规定在将来某一特定的时间和地点交割一定数量和质量商品的标准化合约。期货合约是期货交易的对象，期货交易参与者正是通过在期货交易所买卖期货合约，转移价格风险，获取风险收益。期货合约是在现货合同和现货远期合约的基础上发展起来的，但它们最本质的区别在于期货合约条款的标准化。在期货市场交易的期货合约，其标的物的数量、质量等级和交割等级及替代品升贴水标准、交割地点、交割月份等条款都是标准化的，这是期货合约具有的普遍性特征。期货合约中，只有期货价格是唯一变量，在交易所以公开竞价方式产生。

根据交易品种，期货交易可分为两大类：商品期货和金融期货。以实物商品，如玉米、小麦、铜、铝等作为期货品种的属于商品期货。以金融产品，如汇率、利率、股票指数、运价指数等作为期货品种的属于金融期货。金融期货品种一般不存在质量问题，交割也大都采用差价结算的现金交割方式。

并不是所有的商品都适合做期货交易、在众多的实物商品中，一般而言，只有具备下列属性的商品才能作为期货合约的上市品种：

（1）价格波动大。

只有商品的价格波动较大，意图回避价格风险的交易者才需要利用远期价格先把价格确定下来。如果商品价格基本不变，比如商品实行的是垄断价格或计划价格。商品经营者就没有必要利用期货交易固定价格或锁定成本。

（2）供需量大。

期货市场功能的发挥是以商品供需双方广泛参加交易为前提的，只有现货供需量大的商品才能在大范围进行充分竞争，形成权威价格。

（3）易于分级和标准化。

期货合约事先规定了交割商品的质量标准，因此，期货品种必须是质量稳定的商品，否则，就难以进行标准化。

（4）易于储存、运输。

商品期货一般都是远期交割的商品，这就要求这些商品易于储存、不易变质、便于运输，保证期货实物交割的顺利进行。

9.3.2　期货合约内容

期货合约的各项条款设计对期货交易有关各方的利益以及期货交易能否活跃至关重要。

（1）合约名称。

合约名称需注明该合约的品种名称及其上市交易所名称。以郑州商品交易所白糖合约为例，合约名称为"郑州商品交易所白糖期货合约"，合约名称应简洁明了，同时要避免混淆。

（2）数量和单位条款。

数量和单位条款是指在期货交易所交易的每手期货合约代表的标的商品的数量。在交易时，只能以交易单位的整数倍进行买卖。确定期货合约交易单位的大小，主要应当考虑合约标的的市场规模、交易者的资金规模、期货交易所会员结构以及该商品现货交易习惯等因素。

（3）交易时间条款。

期货合约的交易时间是固定的。每个交易所对交易时间都有严格规定。我国一般每周营业5天，周六、周日及国家法定节、假日休息。一般每个交易日分为两盘，即上午盘和下午盘，上午盘为9：00—11：30，下午盘为1：30—3：00。

（4）报价单位条款。

报价单位是指在公开竞价过程中对期货合约报价所使用的单位，即每计量单位的货币价格。国内阴极铜、白糖、大豆等期货合约的报价单位以元（人民币）/吨表示。

（5）交割地点条款。

期货合约为期货交易的实物交割指定了标准化的、统一的实物商品的交割仓库，以保证实物交割的正常进行。

（6）交割期条款。

商品期货合约对进行实物交割的月份做了规定，一般规定几个交割月份，由交易者自行选择。

（7）最小变动价位条款。

最小变动价位条款指期货交易时买卖双方报价所允许的最小变动幅度，每次报价时价格的变动必须是这个最小变动价位的整数倍。

（8）每日价格最大波动幅度限制条款。

每日价格最大波动幅度限制条款指交易日期货合约的成交价格不能高于或低于该合约上一交易日结算价的一定幅度，达到该幅度则暂停该合约的交易。

（9）最后交易日条款。

最后交易日条款指期货合约停止买卖的最后截止日期。每种期货合约都有一定的月份限制，到了合约月份的一定日期，就要停止合约的买卖，准备进行实物交割。

（10）其他。

期货合约还包括交割方式、违约及违约处罚等条款。

9.3.3　期货合约的交易特点

期货合约的商品品种、数量、质量、等级、交货时间、交货地点等条款都是既定的，是标准化的，唯一的变量是价格。期货合约的标准通常由期货交易所设计，经国家监管机构审批上市。期货合约是在期货交易所组织下成交的，具有法律效力。期货价格是在交易所的交易厅里通过公开竞价方式产生的。国外大多采用公开喊价方式，而我国均采用电脑交易。期货合约的履行由交易所担保，不允许私下交易。期货合约可通过交收现货或进行对冲交易履行或解除合约义务。期货合约的交易具有不同于现货交易的特点：

（1）以小博大。

期货交易只需交纳 5% ～10% 的履约保证金就能完成数倍乃至数十倍的合约交易。由于期货交易保证金制度的杠杆效应，使之具有"以小博大"的特点，交易者可以用少量的资金进行大宗的买卖，节省大量的流动资金。

（2）双向交易。

期货市场中可以先买后卖，也可以先卖后买，投资方式灵活。

（3）不必担心履约问题。

所有期货交易都通过期货交易所进行结算，且交易所成为任何一个买者或卖者的交易对方，为每笔交易做担保。所以交易者不必担心交易的履约问题。

（4）市场透明。

交易信息完全公开，且交易采取公开竞价方式进行，使交易者可在平等的条件下公开竞争。

（5）组织严密，效率高。

期货交易是一种规范化的交易，有固定的交易程序和规则，一环扣一环，环环高效运作，一笔交易通常在几秒钟内即可完成。

9.3.4　期货合约与远期合约的比较

期货合约与远期合约虽然都是在交易时约定在将来某一时间按约定的条件买卖一定数量的某种标的物的合约，但他们存在诸多区别。

（1）标准化程度不同。

远期合约遵循契约自由原则，合约中的相关条件如标的物的质量、数量、交割地点和交割时间都是依据双方的需要确定的；期货合约则是标准化的，期货交易所为各种标的物的期货合约制定了标准化的数量、质量、交割地点、交割时间、交割方式、合约规模等条款。

（2）交易场所不同。

远期合约没有固定的场所，交易双方各自寻找合适的对象；期货合约则在交易所内交易，一般不允许场外交易。

（3）违约风险不同。

远期合约的履行仅以签约双方的信誉为担保，一旦一方无力或不愿履约时，另一方就得蒙受损失；期货合约的履行则由交易所或清算公司提供担保。

（4）价格确定方式不同。

远期合约交易双方是直接谈判，并私下确定，存在信息的不对称，定价效率很低；期货合约是在交易所内通过公开竞价确定，信息较为充分、对称，定价效率较高。

（5）履约方式不同。

远期合约绝大多数只通过到期实物交割来履行；期货合约绝大多数是通过平仓来了结。

（6）合约双方关系不同。

远期合约必须对双方的信誉和实力等方面做充分的了解；而期货合约可以对双方完全不了解。

（7）结算方式不同。

远期合约到期才进行交割清算，期间均不进行结算；期货合约是每天结算，浮动盈利或浮动亏损通过保证金账户来体现。

9.4

航运运价期权合约

9.4.1 期权合约特点

期权合约是期货合约的一个发展，它与期货合约的区别在于期权合约的买方有权利而没有义务一定要履行合约。期权合约是指由交易所统一制定的、规定买方有权在合约规定的有效期限内以事先规定的价格买进或卖出相关期货合约的标准化合约。所谓标准化合约就是说，除了期权的价格是在市场上公开竞价形成的，合约的其他条款都是事先规定好的，具有普遍性和统一性。期权的履约有以下 3 种情况。

（1）买卖双方都可以通过对冲的方式实施履约。

（2）买方也可以将期权转换为期货合约的方式履约（在期权合约规定的敲定价格水平上获得一个相应的期货部位）。

（3）任何期权到期不用，自动失效。如果期权是虚值，期权买方就不会行使期权，直到到期任期权失效。这样，期权买方最多损失所交的权利金。

9.4.2　期权的分类

（1）按照行权方向，期权可分为看涨期权和看跌期权。

看涨期权（Call Option）赋予持有者在特定时间按确定价格购买一定数量和质量标的资产的权利，而不是义务。看跌期权（Put Option）赋予持有者在特定时间按确定价格出售一定数量和质量标的资产的权利，而不是义务。

（2）按照期权合约条款实施（Exercise）方式可归类为欧式、美式和亚式。

欧式期权只能在到期日行权。美式期权自购买期权日至到期日当天任何一个工作日都可行权。亚式期权又叫平均价格期权，期权的收益采用合同期内标的资产某段时间内的算数平均价格或者几何平均价格。

9.4.3　期权合约内容

期权合约的内容包括：合约名称、交易单位、报价单位、最小变动价位、每日价格最大波动限制、执行价格、执行价格间距、合约月份、交易时间、最后交易日、合约到期日、交易手续费、交易代码、上市交易所。

期权合约主要有三项要素：权利金、执行价格和合约到期日。

（1）交易单位。

交易单位是指每手期权合约所代表标的的数量。

（2）最小变动价位。

最小变动价位是指买卖双方在出价时，权利金价格变动的最低单位。

（3）每日价格最大波动限制。

每日价格最大波动限制是指期权合约在一个交易日中的权利金波动价格不得高于或低于规定的涨跌幅度，超出该涨跌幅度的报价视为无效。

（4）执行价格。

执行价格是指期权的买方行使权利时事先规定的买卖价格。这一价格一经确定，则在期权有效期内，无论期权之标的物的市场价格上涨或下跌到什么水平，只要期权买方要求执行该期权，期权卖方都必须以此执行价格履行其必须履行的义务。

（5）执行价格间距。

执行价格间距是指相邻两个执行价格之间的差，并在期权合约中载明。在郑商所设计中的硬冬白麦期权合约中规定，在交易开始时，将以执行价格间距规定标准的整倍数列出以下执行价格：最接近相关硬冬白麦期货合约前一天结算价的执行价格（位于两个执行价格之间的，取其中较大的一个），以及高于此执行价格的 3 个连续的执行价格和低于此执行价格的 3 个连续的执行价格。

（6）合约月份。

合约月份是指期权合约的交易月份。与期货合约不同，为了减少期权执行对标的期货交易的影响，期权合约的到期日一般提前至其合约月份前的一个月内。

（7）最后交易日。

最后交易日是指某一期权合约能够进行交易的最后一日。

（8）到期日。

到期日是指期权买方能够行使权利的最后一日。

（9）权利金。

权利金（premium）又称期权费、期权金，是期权的价格。权利金是期权合约中唯一的变量，是由买卖双方在国际期权市场公开竞价形成的，是期权的买方为获取期权合约所赋予的权利而必须支付给卖方的费用。对于期权的买方来说，权利金是其损失的最高限度。对于期权买方来说，卖出期权即可得到一笔权利金收入，而不用立即交割。

（10）执行价格。

执行价格是指期权的买方行使权利时事先规定的买卖价格。执行价格确定后，在期权合约规定的期限内，无论价格怎样波动，只要期权的买方要求执行该期权，期权的卖方就必须以此价格履行义务。如期权买方买入了看涨期权，在期权合约的有效期内，若价格上涨，并且高于执行价格，则期权买方就有权以较低的执行价格买入期权合约规定数量的特定商品。而期权卖方也必须无条件的以较低的执行价格履行卖出义务。

（11）合约到期日。

合约到期日是指期权合约必须履行的最后日期。欧式期权规定只有在合约到期日方可执行期权。美式期权规定在合约到期日之前的任何一个交易日（含合约到期日）均可执行期权。同一品种的期权合约在有效期时间长短上不尽相同，按周、季度、年以及连续月等不同时间期限划分。

9.4.4　航运运价期权发展

航运运费期权合约，最早于 1991 年引入，形式是欧式期权，以波罗的海国际航运期货交易所（Baltic International Freight Futures Exchange，BIFFEX）为基础，在伦敦金融期货期权交易所开始了第一单交易，遗憾的是没有发展起来，2002 年 4 月与 BIFFEX 一起退出历史舞台。

2004 年，全球经济环境景气，运价巨幅波动推动了交易的发展，航运交易所借机主导推出了运价期权产品。2005 年 6 月，Imarex 联合挪威期货和期权结算所推出最具流动性的液体散货运费远期 TD3 和 TC2 的认购和认沽的亚式期权，并推出了世界上第一个干散货运费远期 PM4TC 的期权合约，为规避运费风险提供了一种全新的工具。运费期权属于远期生效亚式期权，即远期生效的亚式选择权的执行价格是合约生效日后的某一时点开始至到期日（或期前某一时间）的航线运费（运费指数）的平均价格。因巴拿马型船运费经常会出现大幅度波动，新的运费期权合约也是针对巴拿马型货船而生。目前，运费期权的交易量相对较少，2006 年上半年仅交易 1166 票，合计交易额为 0.223 亿美元；但 2007 年第二季度，交易额已经上涨为 3.52 亿美元，成为运费衍生品市场中一支新生力量。

第10章

国内外航运指数发展及应用借鉴

10.1

波罗的海运价指数

10.1.1 波罗的海指数运价指数的产生与发展

波罗的海干散货运价指数（Baltic Freight Index BFI）是波罗的海航运交易所于1985年发布的，由规定的若干条航线的运价一起权重求得的综合型指数，反映的是即期市场的行情。1999年，BFI被波罗的海综合运价指数（Baltic Exchange Dry Index，BDI）所取代，成为代表国际干散货运输市场走势的一种标杆。

最初的BDI指数由三部分组成：波罗的海好望角型船运价指数（BCI），船舶吨位在8万吨以上，主要运输货物包括焦煤、燃煤、铁矿砂、磷矿石、销研土等工业原料，占BDI的1/3权重；波罗的海巴拿马型船运价指数（BPI），船舶吨位在5万至8万吨，主要运输货物有关系国计民生物资及谷物等大宗物资，占BDI的1/3权重；波罗的海轻便型船运价指数（BHMI），船舶吨位在5万吨以下，主要运输货物有磷肥、碳酸钟、木屑、水泥，同样BDI的1/3权重。

2005年7月1日，波罗的海航运交易所公布了（Baltic Supramax Index，BSI），该指数反映了超级大灵便型船（52454载重吨/10年或以下船龄/4X30吨吊杆）的市场租金变化情况，以取代反映大灵便型船（45496载重吨/15年或以下船龄/4X25吨吊杆）的BHMI指数。在航线构成上BSI指数有五条航线，其中第四航线是由BHMI指数4a和4b航线合并而成，即将欧陆/美湾航线、美湾/欧陆航线合并为大西洋往返航线，其他航线则与 BHMI 指数一致。BSI 指数与 BHMI 指数并行半年，直至 2006 年 1 月 1 日 BSI 指数正式取代 BH-MI 指数。

　　BDI 指数计算方法是将 BPI、BCI 和 BHMI 指数相加取平均数，然后乘以一个固定的换算系数得出的。随着亚洲特别是中国经济的崛起，BDI 已成为由四个分航线指数构成的综合指数，即波罗的海好望角型船指数（Baltic Exchange Capsize Index，BCI）、波罗的海巴拿马型船指数（Baltic Exchange Panamax Index，BPI）、波罗的海灵便型船指数（Baltic Exchange Handsize Index，BHSI）和波罗的海超级灵便型指数（Baltic Exchange Supramix Index，BSI）四个分航线指数权重相等。

　　2009 年 7 月 1 日开始，为了促进衍生产品交易，波罗的海航运交易所对波罗的海干散货综合运价指数（BDI）采用期租数据进行计算，把波罗的海好望角型船、巴拿马型船、超级灵便型船和灵便型船的期租市场指数计算在内，每种船型各占 BDI 的 25%。

　　波罗的海干散货运价指数是反映国际干散货航运市场行情的"晴雨表"和"风向标"，是国际干散货航运最为权威的运价指数，包含了航运业的干散货交易量的转变，反映了国际干散货航运市场的波动情况。国际干散货航运市场的兴衰直接关系到世界经济的发展，由于干散货运价受经济、政治、市场等因素影响而波动不定，给干散货航运企业的决策者带来了一定困难。作为目前世界上衡量国际海运情况的权威指数，同时也是反映国际贸易情况的领先指数，如果该指数出现显著的上扬，说明各国经济情况良好，国际的贸易火热，但是如果该指数迅速下跌，则说明可能出现了经济危机。因此，掌握波罗的海干散货运价指数收益率的波动规律，并采取一定措施进行风险规避，可以使航运企业避免重大损失，对干散货航运经营者和投资者把握市场动态、做出相应决策具有重要作用。

　　随着我国经济和贸易的持续增长，我国航运业得到迅速发展。上海国际航运中心建设的不断推进使得航运业发展进一步升温，波罗的海干散货运价指数开始走进中国，成了经常被引用的一个经济指标。证券分析师通常把波罗的海干散货运价指数作为分析航运股走势的工具；同时，由于波罗的海干散货运价指数代表的是原材料海运运价，一些学者将波罗的海干散货运价指数作为预测经济走势的预警指标。

10.1.2 运价指数的构成

干散货船舶包括干散货专用船及兼用船,在世界干散货运输中,主要是由专用船承运的。干散货船主要有 3 种船型:1-4 万吨的为灵便型,灵便型又分为大灵便型和小灵便型;4-8 万吨的为巴拿马型;8 万吨以上的为海峡型,又称好望角型。

目前,BDI 是一个由四个分指数 BCI、BPI、BHSI 和 BSI 构成的综合指数,四个分航线指数的权重相等。BCI 代表波罗的海好望角型船指数,BPI 代表波罗的海巴拿马型船指数,BHSI 代表波罗的海灵便型船指数,BSI 代表波罗的海超灵便型船指数。

波罗的海好望角型船运价指数(BCI)由九条分航线指数构成,每条分航线指数不仅有明确的航线、货种、船型、租约形式、最高船龄,还有主要的租船合同条款。波罗的海巴拿马型船指数(BPI)由四条分航线指数构成,权重各占 25%。波罗的海超灵便型船指数(BSI)由六条分航线指数构成,权重有 12.5% 和 25% 不等。船型主要参数标准"Tess 52"型船且船上自带抓钩;52454 载重吨,自动平舱的单壳散货船,夏季载重线 12.02 米,满载航行速度 14 节或者空载航行速度 14.5 节时每天耗重油 30 吨,航行时不消耗轻油最大船龄 10 年。

波罗的海灵便型船指数(BHSI)由六条分航线指数构成,权重由 12.5% 到 25% 不等。船型主要参数—总载重量为 28000 吨自动平舱的单甲板散货船,夏季热带载重线为 9.78 米,船长 169 米,宽 27 米,5 个货船,5 个船盖。散装舱容为 37523 立方米,包装舱容为 35762 立方米。平均航速 14 节/小时,消耗 22 吨重油(海上不消耗轻油)。4 台额定起重量 30 吨的起重机,船龄不超过 15 年。

10.1.3 运价指数旳计算方法

1985 年 1 月 4 日,波罗的海综合运价指数确定为 100 点,第一条航线的平均运价为 9.078571 美元/吨,该航线有 20% 的权重,从而得出该航线指数贡献率为 1000×20% =200,第一条航线的权重换算因数为 200/9.078571 =22.029898,以后该航线的权重换算因数就固定为 22.029898，以此类推，其余航线的权重换算因数也同样如此。各航线的权重换算因素只有当航线发生变化时，才会相应随之调整。

10.1.4　波罗的海干散货运价指数的特点

（1）波罗的海干散货运价指数是干散货航运价格的综合指数，是全球经济的缩影。

如果全球经济处于过热期，则初级商品市场的需求增加，波罗的海运价指数相应上涨，也就是说，波罗的海干散货运价指数与初级商品市场的价格是正相关的关系，现实情况中我们可以看到，波罗的海干散货运价指数的上涨，与商品市场上大宗原料价格上涨的曲线是一致的。

（2）波罗的海干散货运价指数能够客观地反映干散货航运的市场行情，BDI 指数不存在短线资金炒作的问题。

一般来说，BDI 指数到 3000 点以上，大多数的航运企业才可以盈利，大一点的航运企业盈利点也要在 2000 点以上，所以，BDI 指数对于航运企业判断市场行情，确定经营策略极其重要。

（3）波罗的海干散货运价指数在一定程度上能够反映全球经济形势，BDI 指数与美元指数正相关。

由于美国经济在全球经济总量中比重比较大，美元指数走强一般反映了美国经济向好的方向发展，所以，可以通过波罗的海运价指数来判断美元指数的走势，对于期货投资者预测期货价格走势并进行投资具有很大的意义。

10.1.5　波罗的海干散货运价指数的影响因素

波罗的海干散货运价指数比较复杂，影响因素众多。从经济学角度来看，需求与供给的关系是影响价格的根本原因，国际干散货运价作为运输劳务的价格，受到航运市场供求关系的影响，供给方和需求方在完全竞争的国际干散货航运市场上自由竞争。航运成本是航运企业制定运价的主要依据，对运价的变动产生影响，如果与航运业有关的费用都上涨，则干散货运价会随之上涨；同时，干散货航运需求是从国际贸易中派生出来的，航运市场与国际贸易市场有着直接的紧密联系，由于国际贸易对运价的影响一般是周期性的，航运需求也会呈现周期性波动。从世界经济发展来看，由于干散货贸易的影响，全球经济增长越快，运价也会相应越高。影响波罗的海干散货运价指数的因素主要包括：

（1）运输需求量。

运输需求量主要是由工业产品和能源的需求来确定。如果商品需求走强，则不论这些商品的现货价格是多少，波罗的海干散货运价指数均将增长，已按照现货价格签署合约的公司将通过付出更多原材料运输费用而体现出运输的强劲需求。比如说，当需要越来越多的煤和钢铁运输时，波罗的海干散货运价指数也会随之上涨。

（2）船舶供应量。

船舶供应量可用船舶的数量、载货能力和使用率来确定。另外，船队的平均船龄将决定船舶在其生命周期中所处的位置。船舶的平均寿命是 25 年，如果平均寿命接近该数值，船舶供应将会在短期内下降；而船舶的供应很大程度上取决于新船的交付。国际金融危机之前运输市场空前繁荣，使得造船厂订单爆满，大量新船订单需求被滞后，造成了波罗的海干散货运价指数大幅高涨，与此同时，由于最大的干散货船运价 10 倍于同等级的 VLCC 油船，一些公司将油船改装为干散货船。

（3）季节性的压力。

天气状况对于需求和物流有着非常重要的影响。对于需求，寒冷天气可能会增加煤和其他能源的需求；而对于物流，寒冷天气可能会产生堵塞港口的冰和降低河流的水位从而降低通航性。这两种原因均可导致波罗的海干散货运价指数上扬。相反，在寒冷水域出现暖冬或冰层提早解冻现象，则将导致波罗的海干散货运价指数下滑。

（4）燃料价格。

燃油系指船舶用作燃料的油类，船舶燃料成本约占船舶营运成本的 1/4 到 1/3，高油价将反映到高的波罗的海干散货运价指数上去，正如高油价会压榨航空公司的利润一样，同样也会压缩干散货航运公司的利润空间。

（5）航路瓶颈。

全球将近一半的干散货运输必须穿越一些狭窄的航路，这些航路包括霍尔木兹海峡、马六甲海峡、博斯普鲁斯海峡、苏伊士运河和巴拿马运河。这些航路瓶颈必然影响着船舶的有效供应，也就是说，每天可以通过这些航路的船舶是确定的数量，如果一些事件破坏了这些航路的正常通行，波罗的海干散货运价指数指数将上涨。

（6）市场情绪。

由于市场预测原材料需求存在着时间间隔，市场观点可以极大地影响运价走势。近期波罗的海干散货运价指数的低迷主要是因为很多公司调低了全球增长的预测并调整了其生产和需求的目标。

10.1.6　波罗的海运价指数衍生品发展

（1）期货交易。

波罗的海航交所相继推出的 BDI、BCI、BPI 和 BHMI 等指数，其中，BDI（波罗的海干散货运价指数）是世界第一大运价指数。波罗的海航交所所推出的这几个运价指数基本都是以日为单位的，并为全球航运市场提供关于运价波动情况的航运信息服务。以 BFI 为标的的波罗的海运价指数期货（BIFFEX）是全球最早的航运衍生品，1985 年由波罗的海航交所推出的。BIFFEX 在刚刚推出的时候，受到了市场的普遍欢迎和热烈追捧。但是由于套期保值的效率不高、流动性不足等自身的缺陷原因导致交易活跃度不足，被市场抛弃。由远期运费交易（FFA）取代 BIFFEX，最终 BIFFEX 于 2002 年退出交易市场。波罗的海运费指数期货合约交易被淘汰的原因很多。第一是很多市场参与者不熟悉运价衍品，没有参与进来；第二是合约标的物始终是一揽子航线运费组船东实际需求的航线的关联性不强，导致期货到期保值率低；第三是流动性不足，交易萎缩；第四是替代产品 FFA 的出现使波罗的海运价指数期货彻底成为了历史。

（2）远期运费交易。

1991 年，Clarksons 首次提出 FFA 的概念，即买卖双方针对将来某一特定时期内，具体航线上的具体船型制定的一种远期运价协议。协议规定了具体的航线、价格、数量、交割时期、交割价格计算方法等，双方约定在未来某一时点，收取或支付依据波罗的海航交所的官方运费指数价格与合同约定价格的运费差额。1992 年 10 月，欧洲船东 Bocimar 和 Burwain 进行了第一份干散货 FFA 交易。

目前，干散货 FFA 交易的航线发展到波罗的海干散货 24 条航线，包括 10 条 capesize 航线，7 条 panamax 航线和 5 条 supramax 航线以及 2 条 trial 航线；

液体散货的交易航线也增加到 15 条原油航线和 6 条成品油航线。FFA 的清算业务在 Imarex – NOS 、LCH 、NYMEX 和 SGX 等多家清算行进行。

　　FFA 指数自推向市场以来，就成为国际航运运价指数衍生品交易中最活跃、最受航运市场欢迎的产品。2002 年之后，世界航运业进入快速发展阶段，国际干散货运输市场达到了一个空前的繁荣期，这直接导致远期运费交易 FFA 市场迅速扩大，交易量不断提高。从 1992 年至 2006 年的 14 年发展过程中，FFA 交易的规模由 2 亿美元增长到 500 亿美元，而到了 2007 年，更是达到了历史上创纪录的 1500 亿美元。2008 年世界金融危机爆发，世界航运市场受到严重影响，FFA 交易也大幅减少。

　　面对国际航运市场的阴晴不定，伴随中国航运及贸易量在全球占比的不断提高，波罗的海交易所、上海清算所、浦发银行成立联合项目组将 FFA 引入国内，形成了人民币 FFA 产品，为广大国内的航运、贸易及相关企业管理和规避运费波动的风险提供了行之有效的手段和简单便捷的工具。人民币 FFA 以波罗的海交易所发布的干散货系列指数为结算依据，交易双方通过人民币 FFA 经纪公司达成交易，采用人民币计价和结算，由上海清算所提供中央对手清算。目前，共推出 3 种人民币 FFA 协议，分别是海峡型期租平均（CTC）、巴拿马型期租平均（PTC）、超灵便型期租平均（STC），共有 6 家人民币 FFA 经纪公司为投资者提供交易经纪服务，目前的清算会员为浦发银行，其为投资者提供代理清算服务。人民币 FFA 产品具体情况如表 11 – 1 所示。

表 10 – 1　　　　　　　　　人民币 FFA 产品具体情况

协议名称	各船型期租平均日租金（全天）
产品代码	CTC
	PTC
	STC
协议规模	1 天
协议价格	X 元人民币/天
协议数量	Y 个
协议期限	当月起连续五个月的月度协议
	下季度起连续四个季度的季度协议
	下年起连续两年的年度协议

续表

最低价格波幅	0.01 元人民币/天
成交数据接收时间 （中国时间）	中国且英国工作日：10：30—20：00　最后交易日：10：30—18：00
最后交易日	月度协议最后交易日为当月最后一个工作日
	季度协议最后交易日为上一季度最后一个工作日
	年度协议最后交易日为上一年度最后一个工作日
资金交割日	协议存续期内每月最后交易日的下一个中国工作日：上午 9：30—10：30
最终结算价格	当月波交所每日现货价格与当日人民币对美元中间价乘积的算术平均值，精确至小数点后 2 位

人民币 FFA 从本质上来说是一种远期运费风险管理工具，具备套期保值和价格发现的功能，能够帮助企业规避和管理面临的远期运费风险。具体来说，船东或货主在现货市场进行船舶租赁交易的同时，可在人民币 FFA 市场买入反向协议，以此来锁定收益或成本。

经过为期四个月的试运行，人民币 FFA 产品于 2013 年 4 月 16 日正式发布。产品上线以来，已经吸引了越来越多的航运企业、贸易商、大宗商品采购商（例如钢厂、电厂、水泥厂）以及各类专业投资机构的关注。

交易人民币 FFA 需要跟经纪公司 FFA 经纪人取得联系，经纪公司会帮助客户在相关银行（如浦发银行）办理开户等相关手续，之后客户可以通过一家或多家人民币 FFA 经纪公司帮助达成交易。

10.2

上海航运指数

10.2.1　上海航运指数发展历程

经国务院批准，1996 年 11 月 28 日，交通运输部和上海市政府共同发起组建了我国第一个国家级的水运交易市场——上海航交所。上海航交所遵循的市场经济的基本原则："公开、公平、公正"。力求实现航交所基本作用："规范航运市场交易行为，调节航运市场价格，沟通航运市场信息"。

由上海航交所、上海市虹口区国有资产经营有限公司等单位发起成立的上海航运运价交易有限公司（SSEFC）是全球第一个航运运价第三方集中交易平台，由上海航交所控股，由上海市人民政府与交通运输部共同管理，为船公司、货代、货主、无船承运人和投资人等进行航运运价交易活动提供服务。自成立至今，上海航交所已经依次推出了上海出口集装箱运价指数、中国沿海煤炭运价指数、国际远洋干散货运价指数等航运衍生品交易，这些中远期交易可以创造条件为我国航运企业控制运价剧烈波动造成的风险，同时也积极培育了我国航运衍生品市场。SSEFC 的目标是成为立足国内、面向世界的国际航运运价交易中心和定价中心。这是建设上海国际航运中心的一个重大突破，也是提升我国航运大国地位和国际航运市场定价话语权的一个重要里程碑。

10.2.2 上海航交所发布的运价指数

运价指数在现代航运市场中得到非常广泛的应用，更是被很多业内人士看作航运市场的"晴雨表"。上海航交所成立至今，已经发布了一系列的运价指数，以反映航运市场运价变动状况，为航运企业和贸易企业的决策提供依据。

（1）中国出口集装箱运价指数（CCFI）。

①中国出口集装箱运价指数的基本状况。

1998 年，上海航交所编制并发布了其第一个运价指数——中国出口集装箱运价指数（CCFI），该指标一经推出就被普遍应用，甚至被业内人士认为是继波罗的海干散货运价指数（BDI）之后的世界第二大运价指数。同时，由于数据的代表性和可信度受到好评，作为其权威数据被联合国贸发会的海运年报予以引用。

CCFI 指数比较客观地反映了中国的集装箱运输市场的价格波动状况，作为一个非常重要的参考指标成为世界航运界了解中国航运市场的合适工具。同时，也为各航运公司与贸易企业的日常决策提供了比较可靠的依据。

②中国出口集装箱运价指数的编制和发布的方式。

中国出口集装箱运价指数基期的确定。中国出口集装箱运价指数（CCFI）规定基期指数为 1000 点，并且以 1998 年 1 月 1 日的集装箱运输价格作为基期。

中国出口集装箱运价指数选择样本航线的原则是"典型性、地区分布性、相关性"，在这一原则下总共选择了 11 条航线作为集装箱运价指数的航线样本，分别是日本、韩国、中国香港、东西非、东南亚、澳新、美西、地中海、美东、南非、南美和欧洲航线，确定的内地出发港口主要包括上海、宁波、南京、厦门、深圳、福州、大连、青岛、天津和广州十个港口。

运价信息的采集。运价指数编制委员会是由 16 家中外船运企业组成。这些企业在航线市场中份额比较大且商誉卓著，该委员会成员企业提供运价信息以编制运价指数，能够相对准确的反映市场状态。这 16 家公司分别是：达飞轮船（中国）有限公司、中海集装箱运输有限公司、上海海华轮船有限公司、上海市锦江航运有限公司、韩进海运（中国）有限公司、铁行渣华（中国）船务有限公司、大阪商船三井船舶（中国）有限公司、太平船务（中国）有限公司、赫伯罗特船务（中国）有限公司、日本邮船（中国）有限公司、川崎汽船（中国）有限公司、马士基（中国）航运有限公司、中远集装箱运输有限公司、中外运集装箱运输有限公司、东方海外货柜航运（中国）有限公司、新海丰船务有限公司。

发布运价指数的方式为，中国出口集装箱综合运价指数以及 11 条分航线指数由上海航交所在每周五编制并发布。

（2）上海出口集装箱运价指数（SCFI）。

①上海出口集装箱运价指数的基本情况。

2005 年，上海航交所在采集相关数据，并发布中国出口集装箱运价指数（CCFI）的基础上，进一步深化服务推出上海航运出口集装箱运价指数（SCFI）。2009 年，经过修订的新版上海出口集装箱运价指数在上海航交所发布。新版上海出口集装箱运价指数（SCFI）包括：15 条分航线运价指数、1 个综合运价指数。

②上海出口集装箱运价指数的编制与发布。

基期的确定。规定基期指数为 1000 点，基期定为 2009 年 10 月 16 日。

样本航线的选择。新版上海出口集装箱运价指数，包括一个综合指数和 15 条分航线的运价指数，所选样本航线基本覆盖了上海出口的几个主要外贸地区。所选择的分航线主要为以下 15 条：地中海、澳新、欧洲、美西、美东、南美、南非、西非、波斯湾、韩国、东南亚、中国香港、日本关东、日本关西和中国台湾航线。

运价信息采集的方式。为了避免信息不对称的发生，新版上海出口集装箱运价指数，为进一步提升指数的可信度和客观性，在原编委会成员基础上进行合理扩充规模。引进无船承运人和货代等企业进行货方与船方多方报价等多种形式，增加了样本数量和样本代表性。新的运价指数编委会中，除中国出口集装箱运价指数编委会原船公司委员 15 家以外，为增加样本还扩大规模新吸收了 15 家货代企业。

运价指数发布的时间。为了提高数据采集的时效性，新版上海出口集装箱运价指数在发布日不但反映即期市场当周订舱的平均成交价格，同时也发布当周的分航线市场运价。

（3）沿海运价指数（CBFI）。

①沿海运价指数的基本情况。

2001 年 11 月上海航运交易所正式启动中国沿海运价指数，该运价指数的发布不但反映了我国沿海运输市场的价格变动趋势，而且推动了我国沿海运输市场的健康有序发展。这有利于货主、航运公司、船代等方便地获得准确的市场信息，掌握市场动态。

②中国沿海运价指数的编制与发布的方式。

基期的确定。基期定为 2000 年 1 月，规定基期指数为 1000 点。

样本航线的选择。根据重要性原则，选择我国沿海港口吞吐量前五位的散货货种作为样本货种，主要包括成品油、煤炭、原油、金属矿石和粮食。根据运量规模、区域覆盖性以及未来可能的发展形势，总共选取了 18 条样本航线，其中原油航线包括大连—上海、广州—南京、舟山—南京和宁波—南京；成品油航线包括大连—广州、大连—上海；金属矿石航线包括北仑—南通、八所—上海、北仑—上海；粮食航线包括营口—深圳、大连—广州；煤炭航线包括秦皇岛—宁波、秦皇岛—广州、秦皇岛—上海、日照—上海、京唐—上海、秦皇岛—厦门、秦皇岛—福州。

运价信息的采集方式。根据由 17 家港航企业提供运价信息进行运价指数编制，这些企业分别是：长航上海海运公司、大连远洋运输公司、大连万通船务股份有限公司、福建省轮船总公司、广东顺峰船务有限公司、福建省厦门轮船总公司、广州港集团有限公司、广东海运股份有限公司、南京长江油运公司、河北省海运总公司、宁波港集团有限公司、秦皇岛港务集团有限公司、宁波海运股份有限公司、上海国际港务（集团）有限公司、浙江省海运集团、天津港集团有限公司、中国海运（集团）总公司。

指数发布的方式：中国沿海综合运价指数及 18 条分航线指数由上海航运交易所在每周的周五进行编制和发布。

（4）中国沿海煤炭运价指数（CBCFI）。

①中国沿海煤炭运价指数基本情况。

为了及时地反映沿海煤炭运输市场日益频繁且剧烈的运价波动，上海航运交易所研究开发的中国沿海煤炭运价指数（CBCFI）是基于中国沿海（散货）运价指数（CBFI）体系基础上的，于 2011 年 12 月 7 日起正式发布。

②中国沿海煤炭运价指数的编制与发布的方式。

基期的确定。中国沿海煤炭综合运价指数的基期定为 2011 年 9 月 1 日，基期指数规定为 1000 点。

样本航线和船型的选择。CBCFI 包含 10 条航线，分别为：秦皇岛—广州（5 万—6 万 DWT）、秦皇岛—上海（4 万—5 万 DWT）、秦皇岛—南京（3 万—4 万 DWT）、秦皇岛—福州（3 万—4 万 DWT）、秦皇岛—张家港（2 万—3 万 DWT）、秦皇岛—宁波（1.5 万—2 万 DWT）、天津—上海（2 万—3 万 DWT）、天津—镇江（1 万—1.5 万 DWT）、京唐/曹妃甸—宁波（4 万—5 万 DWT）、黄骅—上海（3 万—4 万 DWT）。

运价信息采集。CBCFI 的运价信息由中国沿海（散货）运价指数编委会委员单位每日提供。

发布方式。上海航运交易所于每个指数发布日的 15.00（北京时间），在上海航运交易所网站和中华航运网上对外发布 CBCFI。

10.2.3 上海航交所运价指数航运衍生品的发展

上海出口集装箱运价指数衍生品。积极地开发和培育航运衍生品市场对上海国际航运中心建设非常重要。目前国际上成熟的航运衍生品有基于波罗的海交易所发布的 BDI 的运费远期场外交易—FFA 交易。国际市场上的 FFA 主要是干散货 FFA，还没有针对集装箱运价开发出的远期运费衍生品。

上海航交所于 2010 年 11 月发起设立上海航运运价交易有限公司（以下简称"运价公司"），依托运价公司搭建航运现货远期交易平台。目前航运现货远期交易平台产品已全面覆盖国际集装箱、国际干散货及沿海运输领域，涵盖现货远期及运价相关衍生品多个品种。

2010 年 1 月 15 日，以上海出口集装箱新运价指数（SCFI）作为结算标的的全球第一笔集装箱运价衍生品交易成功。2010 年 6 月和 8 月，伦敦清算所和新加坡交易所亚洲清算行先后与上海航交所签约，为 SCFI 衍生品的交易提供相应的清算服务。与此同时，上海航运交易所也开始在国内积极搭建航运衍生品交易平台，并于 2011 年 6 月 3 日正式推出上海－欧洲、上海－美西的出口集装箱中远期交易产品。仅仅一个多月的时间，上海出口集装箱中远期交易的单边成交量就达 50 余万手，日均单边交易量约 3 万手，日均持仓量约 3.6 万手，在保证交易平台流动性的同时形成了对冲航运运价相关风险的有效机制。

上海航交所推出的上海出口集装箱运价指数衍生品为场内集中交易，其与英国波罗的海干散货 FFA 在本质上是一样的，同属一种运费风险管理工具。现货市场参与者可以通过在现货市场上与衍生品市场上数量相等、方向相反的操作来规避现货市场由运价波动所造成的风险。FFA 是干散货运输市场的风险管理工具，而上海出口集装箱运价指数衍生品则是目前最为权威的集装箱运费风险管理工具。上海出口集装箱运价交易标准合同如表 10 - 2 所示。

表 10 - 2　　　　　　　　　上海出口集装箱运力合约

交易代码	EU	UW
合同标的	上海至欧洲航线出口集装箱运力	上海至美西航线出口集装箱运力
报价币种	美元（USD）/TEU	美元（USD）/FEU
最小变动价位	1 美元（USD）/TEU	1 美元（USD）/FEU
合同月份	1 月、3 月、5 月、7 月、9 月、11 月	
交易时间	上午 9：00 - 10：15、10：30 - 11：30、下午 13：30 - 15：00	
每日价格最大波动限制	上一交易日结算价的 ±5%	
最低定金比例	15%	
单笔最大下单量	1000TEU	500FEU
单个交易商单月最大签订数量	50000TEU	25000FEU
最后交易日	合同到期月份第一个星期五（以合同挂牌公告为准）	
交收期限	最后交易日的随后十五天（以合同挂牌公告为准）	
交收方式	集装箱运力交收	
交易手续费	合同价值的 0.05%（单边）	
平今手续费	暂免	
交收手续费	合同价值的 0.2%（单边）	
可否转让	可在交易商之间转让	

注：合同汇率 1. 交易时：中国外汇交易中心上一工作日公布的人民币对美元汇率中间价；2. 结算时：中国外汇交易中心当日公布的人民币对美元汇率中间价。如中国外汇交易中心当日未公布人民币对美元汇率中间价，则结算时采用中国外汇交易中心上一工作日公布的人民币对美元汇率中间价。

上海航交所在推出国际集装箱运价指数远期交易产品之后，又陆续推出多种产品。2011 年 12 月推出中国沿海煤炭运价指数远期交易；2013 年 10 月将原中国沿海煤炭运价指数产品改造成运力交割产品；2014 年 2 月将原国际集装箱运价指数产品改造成运力交割产品；2014 年 7 月推出国际干散货运力交割产品；2015 年 8 月创新推出铜运费价差交易产品。

上海航交所自成立起相继推出了中国沿海散货运价指数、中国出口集装箱运价指数、上海出口集装箱运价指数和中国沿海煤炭运价指数等运价指数，其中，中国出口集装箱运价指数更被视为世界第二大运价指数，但是其指数数据的采集和发布的范围仅仅限于国内，并且是以周为单位进行发布。上海航交所推出的运价指数衍生品属于期货性质的衍生品，都属于场内交易衍生品。货主与船东可以通过分别在现货市场和衍生品市场上进行数量相等而方向相反的操作来分散和规避现货市场因运价浮动所造成的风险。

10. 3

天津航运指数

10. 3. 1　天津航运指数简介

航运指数是反映航运市场在不同时期运力、运量等因素综合变动对于运价影响的相对数。天津航运指数（Tianjin Shipping Index，TSI）是反映天津及北方地区航运市场运价水平的综合性指数。

天津航运指数于 2010 年 9 月 28 日正式发布，由天津国际贸易与航运服务中心（以下简称航运服务中心）、天津港（集团）有限公司、南开大学三家单位共同开发研究。天津航运指数包括北方国际集装箱运价指数（Tianjin Container Freight Index，TCI）、北方国际干散货运价指数（Tianjin Bulk Freight Index，TBI）和沿海集装箱运价指数（Tianjin Domestic Container Freight Index，TDI）、北方国际粮食远期运价行情播报（International Grain Future Freight，IGF）。

北方国际集装箱运价指数是反映天津地区集装箱市场运价水平的海运价格指数。TCI 的编制选取 16 条样本航线，覆盖天津出口集装箱运输的主要贸易流向及地区，包括欧洲、地中海、美洲、日韩、东南亚、波斯湾等。

北方国际干散货运价指数是反映北方地区干散货市场运价水平的海运价格指数。TBI 的编制选取 9 条样本航线，覆盖南北美粮食产区，澳东煤区，南美、澳西铁矿石产区，东南亚菲律宾、印尼镍矿产区。

沿海集装箱运价指数是反映我国沿海集装箱市场在不同时期运力、运量等综合因素变动对国内贸易集装箱运价影响的海运价格指数。TDI 下设两项分指数，分别为沿海集装箱出港运价指数（Tianjin Domestic Container Outward Freight Index，TDOI）和沿海集装箱进港运价指数（Tianjin Domestic Container Inward Freight Index，TDII）。TDI 编制选取覆盖内贸集装箱海运市场具有代表性港口的主要贸易流向的样本航线，即环渤海天津港至珠三角广州港（包括枢纽港及驳船点）、东南沿海泉州港、长三角上海港之间的往返航线。

2013 年 12 月 16 日，由天津国际贸易与航运服务中心组织编制的北方国际粮食远期运价播报对外发布。北方国际粮食远期运价播报是天津航运指数的重要组成部分，主要反映天津及北方地区干散货粮食进口的远期成交运价。粮食进口运输具有明显季节性，北方国际粮食远期运价播报针对市场以远期成交为主的特点，分别采集南美和美湾地区粮食远期运价，为粮食进口市场提供行情判断的参考工具。

天津航运指数以 2010 年 7 月 16 日为基期，基期指数为 1000 点。天津航运指数由天津国际贸易与航运服务中心在每个工作日 15：00（北京时间）发布。

10.3.2 天津航运指数功能

航运指数是反映航运市场在不同时期的运力、运量等因素综合变动对于运价影响的相对数。天津航运指数是反映天津及北方地区航运市场运价水平的综合性指数，它实时、准确、客观地反映市场运价波动，是航运市场的风向标。天津每周发布指数分析报告。

天津航运指数面向航运及外贸企业，紧密贴近航运市场，其功能主要体现在反映当前航运市场状态及海运价格变化，分析未来航运市场发展趋势，提供规避经营风险的参考依据，是发展航运金融的基础信息。

天津航运指数有助于改善北方国际航运中心软环境，提升航运服务功能，促进北方航运市场及对外贸易的发展，进一步增强北方国际航运中心核心竞争力。

10.4

经验与启示

10.4.1　航运指数的推出依托发达的国际航运中心

波罗的海交易所设立在伦敦，上海和天津都是著名的国际航运中心，拥有大规模的航运业务量；其服务体系较为完善，形成了在航运服务、船舶经纪、航运保险、航运融资等方面专业化的分工。大量贸易商、航运机构、船舶经纪公司云集，航运运费市场竞争较为充分。航运交易所基于业务需要，需要连续公开透明的航运运费信息，以便全面了解行情变化进行决策。因此，依托于国际航运中心，交易所推出航运指数有着较大优势。

10.4.2　指数编制方法、信息收集与指数发布严格规范

在航线选择上，BDI 指数要求地理分布平衡，航线既反映大西洋又反映太平洋贸易，还有各大洋间的贸易（保持往返航线的平衡），每条航线权重不超过 20%。指数构成航线上的成交要有一定的成交额，不考虑季节性航线。有合理数量的精确成交报告，可能或确实受一个或少数租家控制的航线不予考虑。同时，为了编制 BDI 指数，成立小组，由国际知名、信誉良好、有代表性的 20 家经纪公司组成，他们负责计算当天各船型的运价指数。这 20 家会员公司要与波罗的海交易所签订保密合同，各公司相互之间都对提交给小组的运价或日租金水平严格保密，以防止会员之间通气，妨碍运费报价的公正性。

上海出口集装箱运价指数编制在采集运价信息时，引进无船承运人和货代等企业进行货方与船方多方报价等多种形式，增加了样本数量和样本代表性。运价信息的样本单位既包括 15 家货代企业，也包括 15 家船运公司。

北方国际集装箱运价指数的编制选取 16 条样本航线，覆盖天津出口集装

箱运输的主要贸易流向及地区，包括欧洲、地中海、美洲、日韩、东南亚、波斯湾等。

10.4.3 运价指数衍生品交易品种符合实际需求

随着航运指数的发展和航运市场资本运作方式的进步，波罗的海交易所对其指数产品进行进一步创新，推出以 BDI 为基础的运费衍生品：远期运费协议 FFA、BDI 指数期货。但是随着世界航运市场的变化，BDI 指数期货推出市场。上海航运交易所于 2011 年 6 月 3 日正式推出上海 - 欧洲、上海 - 美西的出口集装箱中远期交易产品，本质上属于具有期货交易特点的运力衍生品。符合上海地区的航运特点，目前得到了市场认可。但是集运运价指数衍生品合约交易量的增速仍然不乐观。集装箱运价金融衍生品遇冷的原因如下：

（1）集装箱班轮公司态度冷淡，大部分班轮公司持观望态度。

集装箱市场不同于散货市场，定价权一直主要由船东掌控，也许出于对失去部分定价权的担心，马士基等多个集装箱班轮巨头公开放声抵制关于集装箱的运价指数期货。

（2）认知度低。

在世界范围内，大多集装箱班轮公司对集装箱运费期货产品感到十分陌生，无论市场意识、操作水平还是交易群体都不太成熟。当然这种现状有希望能改善，因为不少班轮公司为控制成本都会参与燃油与汇率方面的期货市场，对期货操作还是有一定的实践。

（3）班轮公司更倚重签订长期运输协议。

目前，在集装箱航运市场上，长期运输协议仍是班轮公司采取的主要方法。大多数有规模的班轮公司都是通过与货源稳定的大型货主公司签订长期运输合作协议，在一定程度上提前锁定一部分运费收入，因此这些大型公司对于运价衍生品的交易仍不够迫切，如果仅靠集装箱运价衍生品市场中的其他参与者的努力，很难在短期内改变这样一种格局。由于集装箱市场不是完全竞争市场，大型公司对市场的影响还是相当大的，因此大型集装箱公司的态度对集装箱运费衍生品市场还很重要。

第 11 章

宁波出口集装箱运价指数
发展金融衍生品的路径

11.1

宁波出口集装箱运价指数

11.1.1 宁波出口集装箱运价指数简介

海上丝路指数之宁波出口集装箱运价指数（Ningbo Containerized Freight Index，NCFI）于 2013 年 9 月 7 日正式对外发布，该指数是海上丝路指数的首发指数，通过计算和记录宁波港出发的 21 条国际航线的集装箱货运价格变动信息，客观反映从宁波港出口的集装箱货运市场情况和价格波动趋势，包括综合指数和 21 条分航线指数。

样本航线和基本港。宁波出口集装箱运价指数所选择的航线覆盖宁波出口集装箱运输的主要贸易流向及出口地区，分别为：欧洲、地西、地东、黑海、红海、西非、东非、南非、北非、美西、美东、南美西、南美东、中东、印巴、泰越、新马、菲律宾、澳新、日本关西、日本关东航线。

NCFI 以 2012 年的第 10 周（2012 年 3 月 3 日－9 日）为基期，基点为 1000。NCFI 的发布频率定为周。指数于每周五的 16：00（北京时间）由宁波航运交易所对外发布。指数发布日若遇法定节假日则顺延至节假日后第一个工作日发布。

11.1.2 宁波出口集装箱运价指数样本数据的采集

（1）运价类型。

NCFI 使用在出口 CIF 和 CY－CY 贸易和运输条款下，以一级货运代理与其客户之间的集装箱运费的市场交易价格作为采样数据，包含基本海运费和海运附加费。

（2）数据来源。

NCFI 编制所需的运价信息采自指数编委会成员单位。提供运价信息的样本单位选择标准为：航线优势明显，企业信誉良好，在行业内影响力显著，在宁波地区市场份额可观的一级货运代理公司。

具体名单为：利丰供应链管理（中国）有限公司宁波分公司、达升物流股份有限公司、宁波市一洲货运有限公司、浙江兴港国际货运代理有限公司、宁波天时利国际货运代理有限公司、宁波简达国际货运代理有限公司、宁波达迅国际货运代理有限公司、宁波市环集国际货运代理公司、宁波泛洋国际货运代理有限公司、德威国际货运代理（上海）有限公司宁波分公司、宁波大鲸国际物流有限公司、浙江中外运有限公司、宁波托浦船务代理有限公司、宁波佰利华航国际货运代理有限公司、宁波联洋船务有限公司、宁波万联国际集装箱投资管理有限公司、深圳市鸿安货运代理有限公司宁波分公司、宁波泽运国际物流有限公司、浙江朝云联合物流有限公司、宁波瑞达国际货运代理有限公司、宁波亚细亚集装箱货运有限公司。

（3）采集方式。

目前各指数编制机构对航运指数的普遍采样方式是通过经纪人、船东、货主等相关实体所上传的样本数据，而宁波出口集装箱运价指数的数据采集是联合了宁波本地的数十家具有代表性的货运代理企业，通过互联网的连接直接进行着数据的传送，航线选择方面由 1 条主要航线和 21 条分航线指数数据综合得到。同时，与宁波航运交易旗下的宁波航运订舱平台合作，对其电商平台上的真实交易数据进行采样。宁波航运经济指数的数据采集则是来源于航运经济监测分析平台，该平台由浙江省港航管理局和宁波市港航管理局共建，通过对浙江省内的航运港口数据和宁波范围内的港口航运数据整合得到数据，目前在该平台上注册的企业均是在国内干散货与液体货物运输领域具有代表性的企业，企业数超过百家。总体上宁波海上丝路指数的综合指数计算所需数据来源大多为宁波境内的相关企业，在一定程度上保证了数据的准确性与及时性。NCFI 直接采样电子商务交易平台的数据进行自动化数据处理和编制发布，是航运指数领域的重大突破创新。

11.2

宁波出口集装箱运价指数衍生品市场参与者分析

集装箱航运市场参与者按运输服务主体性质分为托运方和承运方。出口集装箱运输的承运方一般为班轮公司，托运方则有货代、货主等，此外还有金融机构和一些个人投机者。分析 NCFI 衍生品主要市场参与者的特点，对于运价指数衍生品的设计、运行具有重要意义。

11.2.1　班轮公司

和干散货运输市场中运价由市场供需关系决定的情况完全不同，由于集装箱运输市场是寡头垄断市场，在竞争不充分的市场上，集装箱班轮公司实行战略联盟的合作方式，不仅能在很大程度上操纵运价，更可以实行价格联动，推高市场运价，以强势的运输服务卖方群体名义使得托运方接受班轮公司制定的价格。除了少数商品运输量巨大的大货主，中小型货主根本没有与其进行价格谈判的机会。而 NCFI 及其金融衍生品的出现，虽然在理论上对于班轮公司和货主的运价风险规避都大有裨益，但实际上这种议价工具出现后，无论交易量规模大小，都可能削弱班轮公司对运价的控制能力，也可能会吸引部分投机者参与其中，使得运价波动更加剧烈。为避免 NCFI 衍生品交易对自身垄断地位的威胁，大型班轮公司会采取签订长期合同的方式来抵御现货市场上运价的波动风险。在集装箱运输市场一直处于寡头垄断的情况下，NCFI 衍生品交易对班轮公司来说缺乏参与的积极性。

11.2.2　货主

在集装箱运输市场，可以根据货物运输需求量，将货主分为大货主和中小货主，大货主可以定义为班轮公司愿意与之签订长期运价协议的客户。

在集装箱运输市场中，大货主一般为大型制造企业或贸易商，其运输需求占据了当今集装箱运输市场的相当大的市场份额。由于运量较大，足够引起班轮公司的重视，有非常强的议价能力，可以通过与班轮公司签订长期运价协议来锁定运价。班轮公司和大货主双方都愿意通过这种方式来保证运价的长期稳定，大客户一般来说也无需利用 NCFI 衍生品交易的方式进行套期保值。此外，参与衍生品交易虽然有稳定运价的作用，但由于航线太多、箱量差异大、交易操作复杂，NCFI 衍生品对大货主缺乏实用价值。

大货主与班轮公司所能建立起的长期稳定的合作伙伴关系，是出货量小的中小货主所不能做到的。中小货主的小批量货物往往通过货运代理进行运输，没有与大型班轮公司进行议价的能力，这部分市场参与者在理论上应当对利用 NCFI 衍生品交易进行套期保值是最有需求的。货运代理公司对于航运市场的熟悉使得这部分参与者也最有可能成为 NCFI 衍生品交易中的投机者。但是广大中小货主对 NCFI 衍生品缺乏了解，对于 NCFI 走势的判断力不强，这些原因都限制了中小货主参与 NCFI 衍生品交易。

总之，将货主按货物运输箱量和议价能力区分为大货主和中小货主之后，经过分析可知，与参与 NCFI 衍生品交易相比，大货主更愿意与班轮公司签订长期协议来规避运价风险，而中小货主因为没有议价能力，需要 NCFI 衍生品合约套期保值、控制风险。因此，与其他市场主体相比，NCFI 衍生品对中小货主具有较强的适用性。

11.2.3 投资金融机构

NCFI 衍生品对投资金融机构是否有应用价值，就体现在投资金融机构能否通过有效手段在 NCFI 衍生品市场中进行成功运作。

在集装箱运输市场中，运输主力班轮的特点在于按固定航线定期发出，不存在将船租下闲置的可能。若需要控制集装箱市场，一种可行的操纵手段是订舱。将班轮中的大部分舱位订掉，造成运力紧张，则运价会上涨；将舱位释放，则运力会回升，运价会相应降低。与租船方式相比，订舱操作复杂。因为班轮有许多挂靠港，航线繁多，在多个航线、多个班轮上订舱费时费力。由于集装箱运输市场运量较大的欧线和美线中，美线采用运价报备制度，很难操作，其他所有航线上运营的班轮由于要停靠多个挂靠港，每个挂靠港都有装货、卸货的可能，舱位时时处于变动之中，投资金融机构想要对特定班轮经停的特定数量的舱位进行预订，难度非常大。

因此，NCFI 衍生品交易对于投资金融机构而言，操纵难度较高，适用性不强，参与度不高。

11.2.4　普通投资者

在金融市场中普通投资者又称个人投资者。一般来说，普通投资者自愿参与二级市场交易，承担相应风险，获取交易利润。普通投资者的参与程度如何，在很大程度上影响市场的活跃性和流通性。但是，作为普通投资者只能参与标准化交易的二级市场。在未来较长的一段时间，可以预计 NCFI 不会推出适合普通投资者参与的期货合约和期权合约。另外，即便是将来 NCFI 推出适合普通投资者参与的期货合约和期权合约，由于普通投资者航运市场一般不熟悉，在很大程度上也会阻碍普通投资者的参与。

11.3

宁波出口集装箱运价指数发展金融衍生品相关措施

11.3.1　优化运价指数原始数据采集方式

原始数据的采集是否符合实际状况，对于宁波出口集装箱运价指数的编制和推广使用，具有关键意义。目前，NCFI 编制所需的运价信息采自指数编委会成员单位。提供运价信息的样本单位为航线优势明显、企业信誉良好、在行业内影响力显著、在宁波地区市场份额可观的一级货运代理公司。但是，一级货运代理公司一般来说，在长期经营的航线上具有稳定的货源，和船公司之间有着良好的战略协作关系，能够从船公司获得相对优惠的运价。运价信息的样本单位如果局限于在宁波地区市场份额可观的一级货运代理公司，就会对市场运价信息采集带来偏差。因此，为了获得可靠的、符合市场的运价信息，应该将运价信息的样本单位扩展到中小型货运代理企业。

另外，国内外航运运价指数编制的经验表明，为了避免信息不对称的发生，为进一步提升指数的可信度和客观性，运价信息的样本单位来源多样化能够获得更加有效的运价信息。上海出口集装箱运价指数编制在采集运价信息时，引进无船承运人和货代等企业进行货方与船方多方报价等多种形式，增加了样本数量和样本代表性。运价信息的样本单位既包括 15 家货代企业，也包括 15 家船运公司。宁波出口集装箱运价指数编制委员会可以考虑增加在宁波港信誉较好的、有代表性的船公司参与到报价中来。

再者，运价信息的样本单位在提供报价信息时，由于商业信息秘密等多种因素的影响，所报的价格可能会存在偏差。宁波出口集装箱运价指数编制委员会有必要对运价信息的样本单位进行报价信息的跟踪管理。将其所报价格和实际运价进行回溯对比分析，如果发现较大偏差要深入分析，必要时可以约访报价信息单位，与其签订相应的保密协议，力求在运价信息的采集阶段做到尽可能准确。

11.3.2 扩大运价指数的知名度

宁波航运交易所在推出 NCFI 衍生品之后，能否在宁波航运市场中得到投资者的认可并接受使用，在很大程度上取决于投资者对 NCFI 的认知。要想让投资者接受并使用 NCFI 衍生品，就必须扩大 NCFI 的知名度，要让宁波航运业相关单位和从业人士熟悉、信任 NCFI。为此，在推出 NCFI 衍生品之前，就必须采用多种途径和方式扩大 NCFI 的影响力。

可以有专业人士针对从事经由宁波港集装箱出口的货运代理公司、外向型出口加工生产企业相关人员，以及宁波航运业其他对 NCFI 感兴趣的相关人员开展专业培训，增强其对 NCFI 的认知，并可以同时开展关于运价指数衍生品的相关理论与实践教育。

11.3.3 创建 NCFI 衍生品交易所

传统的远期合约采用 OTC（场外交易市场，又称柜台交易市场或店头市场）的方式，和交易所市场完全不同，OTC 没有固定的场所，没有规定的成员资格，没有严格可控的规则制度，没有规定的交易产品和限制，主要是交易对手通过私下协商进行的一对一的交易。但是由于集装箱市场不是完全竞争市场，集装箱运费远期合约交易如果采用传统的 OTC 交易方式，会存在较大的市场风险和信用风险。因此，FFA 交易应该采用场内交易的方式。期货合约与期权合约的交易，由其标准化交易特点决定了其交易方式只能采取场内交易的形式。

结合国内外经验，宁波航交所在开发 NCFI 衍生品时，需要搭建一个专门作为 NCFI 衍生品的交易场所的交易平台——NCFI 衍生品交易所。交易所提供安全、高效、便捷、稳定的交易报价、登记、清算服务系统，并为交易提供行情显示、成交登记、统一清算、交易资金委托管理和其他相关服务。

11.3.4 设立会员市场准入制度

NCFI 衍生品市场不同于一般的金融衍生品市场，普通投资者一般对航运市场和物流金融领域缺乏全面的了解，一般不会参与到 NCFI 衍生品交易。NCFI 衍生品的交易主体大多是货主（进出口贸易商）、无船承运人及其代理人、船运公司及船代公司等。而集装箱运输市场又不属于完全竞争市场，因此为了避免 NCFI 衍生品的交易主体在参与市场交易时出现信息不对称以及市场扭曲现象，宁波航运交易所应当对 NCFI 衍生品的交易过程监督、管理，维护公平交易环境。为了便于管理，参与 NCFI 衍生品交易的主体采取会员的形式成为宁波航交所会员，方可准予参加 NCFI 衍生品交易平台交易。

11.3.5 发展 NCFI 衍生品总体策略

发展 NCFI 衍生品应该遵循先易后难的策略。国际航运市场中波罗的海和上海的经验表明，目前发展运价指数衍生品，应该是由远期到期货，再到期权的发展步骤。波罗的海交易所曾推出期货合约，但最终以失败告终。在当前条件下，宁波航运交易所在发展 NCFI 衍生品时，运价指数远期合约（FFA）较为适合。待将来时机成熟时，再推出 NCFI 的期货合约和期权合约交易品种。

航运市场的运行特点和航运价格指数衍生品的交易主体特征决定了航运价格指数衍生品具有不同于一般金融衍生品的性质。因此，必须创新开发 NCFI 衍生品合约，在交易规则、交易流程上不同于一般衍生品交易。

11.3.6 开发 NCFI 远期合约交易市场

NCFI 远期合约本质上是一种场内交易的、有管理的、保证金交易的远期合约。

（1）主要交易规则。

①合约标的。宁波出口集装箱运价指数 FFA 合约标的为宁波出口集装箱运价指数。

②交易单位。宁波出口集装箱运价指数每点若干元，或美元/点。

③报价单位。宁波出口集装箱运价指数点。

④交易日交易时间。结合我国其他金融市场的交易日与交易时间，以 NCFI 为标的的 FFA 交易日为每周一至周五（国家法定节假日除外），交易时间为上午 9：00—11：30，下午 13：30—15：00。

⑤交易方式。实行协议交易方式。在交易时段内，交易商通过 NCFI 衍生品交易平台系统提交委托，并通过查询、选择、拒绝等操作方式达成交易意向后确认成交。达成交易后，成交双方签订《电子交易合同》。买卖双方应当承认交易结果，并按约履行合同义务、享有合同权利。

⑥交割方式。采用现金交割方式，指 FFA 合同到期时，签订 FFA 交易合同，双方通过现金方式结清损益。

⑦交易保证金。为了减少 FFA 交易信用风险，NCFI 衍生品交易平台应根据情况，对 FFA 合约双方收取合约价值一定比例的保证金。

此外，还需对合约交割月份、最后交易日、最后交割日、交易手续费等作出明确的规定。

（2）交易流程。

①NCFI 衍生品交易平台的会员在 NCFI 衍生品交易平台提出交易申请。

②NCFI 衍生品交易平台作为经纪人角色，协调买卖双方交易细节，包括交易品种（因 FFA 到期月份不同而不同）、交易数量、协议价格等细节，促使 FFA 交易达成，并收取一定佣金和交易保证金。

③FFA 合约到期时，NCFI 衍生品交易平台作为监管方，监督 FFA 合约双方进行现金交割，并将交易保证金退还。

11.3.7　开发 NCFI 期货合约交易市场

NCFI 期货合约本质上属于出口集装箱运力（承运能力和托运能力）交易。合约买方（多头）购买截止到合约到期日的托运若干标准集装箱的权利和义务。合约卖方（空头）卖出截止到合约到期日的承运若干标准集装箱的义务和权利。合约到期的交割为运力交收，即交易航线的出口集装箱托运（交付）和承运（收运）。

（1）主要交易规则。

①合约标的。宁波至某航线出口集装箱运力。

②报价单位。美元（USD）/TEU 或人民币（CNY）/TEU。报价单位每日依据宁波出口集装箱某某航线运价平均指数测算。

③交易单位。TEU。

④交易日交易时间。结合我国其他金融市场的交易日与交易时间，以 NCFI 为标的的 FFA 交易日为每周一至周五（国家法定节假日除外），交易时间为上午 9：00—11：30，下午 13：30—15：00。

⑤交易方式。实行协议交易方式。在交易时段内，交易商通过"NCFI 衍生品交易平台"系统提交委托，并通过查询、选择、拒绝等操作方式达成交易意向后确认成交。系统登记交易成交结果后，向交易商发送成交回报，其成交结果以系统记录的成交数据为准。

达成交易后，成交双方签订《电子交易合同》。该合同属于数据电文形式的合同，按照交易规则一经完成电子签名，即成立和生效。依据《中华人民共和国民法通则》和《中华人民共和国合同法》，已签署的《电子交易合同》对合同双方具有法律效力，买卖双方应当承认交易结果，并按约履行合同义务、享有合同权利。

⑥交易保证金。为了减少交易信用风险，NCFI 期货交易平台应根据情况，对合约双方收取合约价值一定比例的初始保证金。当日交易结束后，本公司对交易商所有合同计算当日损益，并相应增减交易商的可用资金。因交易损益等造成交易商的可用资金低于规定水平的，交易商应当及时补足。

⑦结算。结算是指根据交易结果、交易系统公布的结算价格和有关规定对交易双方的定金、交易损益、交收损益、交易手续费、交收手续费等各项费用

及其他有关款项进行资金清算和划转的业务活动。交易实行定金制度、每日结算制度。

⑧交割方式。实行实际运力交收方式。实际运力交收是指合同到期时，按照相关规则和程序签订运力交易合同，双方通过合同所载运力的转移了结到期合同的过程。运力交收中的买方是有资格在本公司进行运力交收的交易商，包括货主、无船承运人及其代理人等。运力交收中的卖方是有资格在本公司进行运力交收的交易商，包括承运人、无船承运人及其代理人等。

进入交收月前，持有不能交收的合同的交易商应当将交收月份的相应合同予以转让。最后交易日闭市后，不能交收的合同仍未转让的，宁波航交所可以按照"不能交收的合同优先"的原则，选择对手方合同对冲转让，转让价格为交收结算价。持有不能交收的合同的交易商被配对的，对其处以按交收结算价计算的合同价值百分比的违约金，违约金支付给对方，终止交收。

此外，还需对合约期限、最小变动价位、每日价格最大波动限制、定金比例、单笔最大下单量、单个交易商签订合同最大数量、最后交易日、最后交割日、交易手续费等作出明确的规定。

（2）交易流程。

NCFI 期货交易流程与普通期货交易流程类似。

第 12 章

宁波 NCFI 衍生品交易所的
创立及运行管理

12.1

宁波 NCFI 衍生品交易所创立与经营的相关法律与政策

12.1.1　金融交易所运营管理的相关法律与政策

针对于金融交易平台的设立、运营管理、风险防范和市场监管等方面，从国家、省、市出台了多个法律和政策。

目前，我国已经出台了很多金融方面基本法律，其中有如《证券法》《银行法》《合同法》等各种不同的法律。在 2004 年以来，对于航运金融衍生品的交易也出台了法律方面的各种规定，其主要有《国务院关于推进资本市场改革开放和稳定发展的若干意见》《金融机构衍生产品交易业务管理暂行办法》（2007 年进行了修订）、《全国银行间债券市场债券远期交易管理规定》。2012 年，保监会通过《关于印发〈保险资金参与金融衍生产品交易暂行办法〉的通知》将保险公司纳入到金融衍生产品交易的机构中。

为切实防范金融风险，规范交易场所的行为，促进交易场所健康发展，国务院出台《国务院关于清理整顿各类交易场所切实防范金融风险的决定》（国发〔2011〕38 号）和《国务院办公厅关于清理整顿各类交易场所的实施意见》（国办发〔2012〕37 号）等有关规定，指出要建立清理整顿各类交易场所的部际联席会议制度，明确指出国务院负责监管由其及其下属金融管理部门批准设立的金融交易市场，其他地方性的金融产品交易场所则按照相应的管理办法和属地管辖的原则由省级地方政府实施管理。2012 年 12 月 24 日颁布实施的《期货交易管理条例》，以"其他期货合约"的方式将航运衍生品纳入适用范畴。

2013 年 5 月 2 日，浙江省人民政府办公厅关于印发《浙江省交易场所管理办法（试行）》（浙政办发〔2013〕55 号）。2014 年 10 月 22 日，浙江省人民政府金融工作办公室制定《交易场所监管工作指引》。

2013 年 9 月 26 日，经市政府同意，宁波市人民政府办公厅印发《宁波市交易场所管理办法（试行）》（甬政办发〔2013〕213 号）。

12.1.2 国发〔2011〕38 号主要相关规定

（1）高度重视各类交易场所违法交易活动蕴藏的风险。

交易场所是为所有市场参与者提供公平、透明交易机会，进行有序交易的平台，具有较强的社会性和公开性，需要依法规范管理，确保安全运行。其中，证券和期货交易更是具有特殊的金融属性，直接关系到经济金融安全和社会稳定，必须在经批准的特定交易场所、遵循严格的管理制度规范，目前，一些交易场所管理不规范，存在严重投机和价格操纵行为；个别交易场所股东直接参与买卖，甚至发生管理人员侵吞客户资金、经营者卷款逃跑等问题。这些问题如发展蔓延下去，极易引发系统性、区域性金融风险，设置影响社会稳定，必须及早采取措施坚决予以纠正。

各地人民政府和国务院有关部门要统一认识，高度重视各类交易场所存在的违法违规问题，从维护市场秩序和社会稳定的大局出发，切实做好清理整顿各类交易场所和规范市场秩序的各项工作。各类交易市场所要建立健全规章制度，严格遵守信息披露、公平交易和风险管理等各项规定，提高投资者风险意识和判断能力，切实保护投资者合法权益。

（2）建立分工明确、密切协作的工作机制。

为加强对清理整顿交易场所和规范市场秩序工作的组织领导，形成既有分工又相互配合的监管机制，建立由证监会牵头，有关部门参加"清理整顿各类交易场所部际联席会议"（以下简称联席会议）的制度。联席会议的主要任务是，统筹协调有关部门和升级人民政府清理整顿违法证券期货交易工作，建立对各类交易场所和交易产品的规范管理制度，完成国务院交给的其他事项。

联席会议日常办事机构设在证监会。

联席会议不代替国务院有关部门和省级人民政府的监管职责。对经国务院或国务院金融管理部门批准设立从事金融产品交易的交易场所，由国务院金融管理部门负责日常监管。其他交易场所均由上级人民政府按照属地管理原则负责监管，并切实做好统计监测、违规处理和风险处置工作。联席会议及相关部门和省级人民政府要及时沟通境况，加强协调配合，齐心协力做好各类交易场所清理整顿和规范工作。

（3）健全管理制度，严格管理程序。

自本决定下发之日起，除依法设立的证券交易所或国务院批准的从事金融产品交易的交易场所外，任何交易场所均不得将任何权益拆分为均等份额公开发行，不得采取集中竞价、做市商等集中交易方式进行交易；不得将权益按照标准化交易单位持续挂牌交易。任何投资者买入后卖出或卖出后买入同一交易品种的时间间隔不得少于 5 个交易日；除法律、行政法规另有规定外，权益持有人累计不得超过 200 人。

除依法经国务院或国务院期货监管机构批准设立从事期货交易的交易场所外，任何单位一律不得以集中竞价、电子撮合、匿名交易、做市商等集中交易方式进行标准化合约交易。

从事保险、信贷、黄金等金融产品交易的交易场所，必须经国务院相关金融管理部门批准设立。

为规范交易场所名称，凡使用"交易所"字样的交易场所，除经过国务院或国务院金融管理部门批准的外，必须报省级人民政府批准；省级人民政府批准前，应征求联席会议意思。未经上述规定批准成立或违反上述规定在名称中使用"交易所"字样的交易场所，工商部门不得为其办理工商登记。

（4）稳妥推进清理整顿工作。

各省级人民政府要建立领导小组，建立工作机制，根据法律、行政法规和本决定的要求，按照属地管理原则，对本地各区类交易场所，进行一次性集中清理整顿。其中重点是坚决纠正违法证券期货交易活动，并采取有效措施确保投资者资金安全和社会稳定，严禁以任何方式扩大业务范围，严禁新增交易品种，严禁新增投资者，并限期取消或结束交易活动；未经批准在交易场所名称中使用"交易所"字样的交易场所，应限期清理规范。清理整顿期间，不得设立新的开展标准化产品或合约交易的交易场所。各省级人民政府要尽快制定清理整顿工作方案，于 2011 年 12 月底前报国务院备案。

联席会议要切实负起责任，加强组织指导和督促检查，切实推动清理整顿工作有效、有序开展。商务部要在联席会议工作机制下，负责对大宗商品中远期交易市场清理整顿工作的监督、检查和指导，抓紧制定大宗商品交易市场管理办法，确保大宗商品中远期交易市场有序回归期货市场。联席会议有关部门要按照责任分工、加强沟通、相互配合、相互扶持，尽职尽责做好工作。金融机构不得为违法证券期货市场活动提供承销、开户、托管、资金划转、代理买卖、投资咨询、保险等服务。已提供服务的金融机构，要及时开展自查自清，做好善后工作。

12.1.3　国办发〔2012〕37 号主要相关规定

为贯彻落实《国务院关于清理整顿各类交易场所切实防范金融风险的决定》（国发〔2011〕38 号，以下称国发 38 号文件），进一步明确政策界限、措施和工作要求，扎实推进清理整顿各类交易场所工作，防范金融风险，维护社会稳定，经国务院同意，现提出以下意见：

（1）全面把握清理整顿范围。

遵循规范有序、便利实体经济发展的原则，准确界定清理整顿范围，突出重点，增强清理整顿各类交易场所工作的针对性、有效性。本次清理整顿的范围包括从事权益类交易、大宗商品中远期交易以及其他标准化合约交易的各类交易场所，包括名称中未使用"交易所"字样的交易场所，但仅从事车辆、房地产等实物交易的交易场所除外。其中，权益类交易包括产权、股权、债权、林权、矿权、知识产权、文化艺术品权益及金融资产权益等交易；大宗商品中远期交易，是指以大宗商品的标准化合约为交易对象，采用电子化集中交易方式，允许交易者以对冲平仓方式了结交易而不以实物交收为目的或不必交割实物的标准化合约交易；其他标准化合约，包括以有价证券、利率、汇率、指数、碳排放权、排污权等为标的物的标准化合约。

各类交易场所已设立的分支机构，按照属地管理原则，由各分支机构所在地省、自治区、直辖市人民政府（以下称省级人民政府）负责清理整顿。

依法经批准设立的证券、期货交易所，或经国务院金融管理部门批准设立的从事金融产品交易的交易场所不属于本次清理整顿范围。

（2）准确适用清理整顿政策界限。

违反下列规定之一的交易场所及其分支机构，应予以清理整顿。

①不得将任何权益拆分为均等份额公开发行。任何交易场所利用其服务与设施，将权益拆分为均等份额后发售给投资者，即属于"均等份额公开发行"。股份公司股份公开发行适用公司法、证券法相关规定。

②不得采取集中交易方式进行交易。本意见所称的"集中交易方式"包括集合竞价、连续竞价、电子撮合、匿名交易、做市商等交易方式，但协议转让、依法进行的拍卖不在此列。

③不得将权益按照标准化交易单位持续挂牌交易。本意见所称的"标准化交易单位"是指将股权以外的其他权益设定最小交易单位，并以最小交易单位或其整数倍进行交易。"持续挂牌交易"是指在买入后 5 个交易日内挂牌卖出同一交易品种或在卖出后 5 个交易日内挂牌买入同一交易品种。

④权益持有人累计不得超过 200 人。除法律、行政法规另有规定外，任何权益在其存续期间，无论在发行还是转让环节，其实际持有人累计不得超过 200 人，以信托、委托代理等方式代持的，按实际持有人数计算。

⑤不得以集中交易方式进行标准化合约交易。本意见所称的"标准化合约"包括两种情形：一种是由交易场所统一制定，除价格外其他条款固定，规定在将来某一时间和地点交割一定数量标的物的合约；另一种是由交易场所统一制定，规定买方有权在将来某一时间以特定价格买入或者卖出约定标的物的合约。

⑥未经国务院相关金融管理部门批准，不得设立从事保险、信贷、黄金等金融产品交易的交易场所，其他任何交易场所也不得从事保险、信贷、黄金等金融产品交易。

商业银行、证券公司、期货公司、保险公司、信托投资公司等金融机构不得为违反上述规定的交易场所提供承销、开户、托管、资产划转、代理买卖、投资咨询、保险等服务；已提供服务的金融机构，要按照相关金融管理部门的要求开展自查自清，并做好善后工作。

（3）严格执行交易场所审批政策。

①把握各类交易场所设立原则。

各省级人民政府应按照"总量控制、合理布局、审慎审批"的原则，统筹规划各类交易场所的数量规模和区域分布，制定交易场所品种结构规划和审查标准，审慎批准设立交易场所，使交易场所的设立与监管能力及实体经济发展水平相协调。

②严格规范交易场所设立审批。

凡新设交易所的，除经国务院或国务院金融管理部门批准的以外，必须报省级人民政府批准；省级人民政府批准前，应取得联席会议的书面反馈意见。

（4）切实贯彻清理整顿工作要求。

①统一政策标准。各省级人民政府在开展清理整顿工作中，要严格按照国务院、联席会议及有关部门的要求，统一政策标准，准确把握政策界限。实际执行中遇到疑难问题或对相关政策把握不准的，要及时上报联席会议。

②防范化解风险。各省级人民政府在清理整顿工作中，要制定完善风险处置预案，认真排查矛盾纠纷和风险隐患，及时掌握市场动向，做好信访投诉受理和处置工作。要加强与司法机关的协调配合，严肃查处挪用客户资金、诈骗等涉嫌违法犯罪的行为，妥善处置突发事件，维护投资者合法权益，防范和化解金融风险，维护社会稳定。

③落实监管责任。各省级人民政府要制定本地区各类交易场所监管制度，明确各类交易场所监管机构和职能，加强日常监管，建立长效机制，持续做好各类交易场所统计监测、违规处理、风险处置等工作。相关省级人民政府要加强沟通配合和信息共享。联席会议成员单位和国务院相关部门要做好监督检查和指导工作。

12.1.4 创立宁波 NCFI 衍生品交易所的相关政策细则

（1）相关准入政策。

依据《宁波市交易场所管理办法（试行）》（甬政办发［2013］213 号），已经其他相关法律法规，新设宁波 NCFI 衍生品交易所，主发起人应当向宁波市政府提出申请，必须报市政府批准。市政府批准前，需取得国务院清理整顿各类交易场所部际联席会议的书面反馈意见。

新设交易场所应当由拟新设交易场所的主发起人向所在地县（市）区政府提出申请，所在地县（市）区政府审核同意后上报市政府；主发起人为市属企事业单位的，应当向市相关行业主管部门提出申请，市相关行业主管部门审核同意后上报市政府。监管办公室根据市政府要求提出意见，经监管委员会审议后报市政府批准。

（2）具体要求。

新设交易场所，应当采取公司制组织形式，除符合《中华人民共和国公司法》规定外，还应当具备以下条件：

①有符合本办法规定的最低注册资本限额；

②有符合任职资格条件的董事、监事和高级管理人员（包括总经理、副总经理及相应级别人员，以下同），以及具备相应专业知识和从业经验的工作人员；

③有健全的管理机构、业务制度和风险控制等制度；

④有与业务经营相适应的营业场所、安全防范措施和其他必要设施；

⑤符合地方社会经济发展需要；

⑥法律法规规定的其他审慎性条件。

新设交易场所注册资本最低限额为人民币 5000 万元。名称中使用"交易所"字样的，注册资本最低限额为人民币 1 亿元。

交易场所的出资人限于：中华人民共和国境内注册登记的法人；境外（含港澳台）注册登记的金融机构、规范的交易场所及与交易场所业务相关或相近的企业。出资人应当具备以下一般条件：

①具有良好的社会声誉和诚信记录，近 3 年无重大违法违规行为；

②具有良好的公司治理结构和健全的内部控制制度；

③入股资金来源真实合法，不得以借贷资金入股，不得以他人委托资金入股。

交易场所的主发起人应当符合以下条件：

①净资产不低于人民币 2 亿元，且资产负债率不高于 70%；

②近 3 年连续赢利，且 3 年净利润累计总额不低于人民币 5000 万元；

③主发起人应当为拟新设交易场所最大股东，且持股比例不低于 35%。

12.2

宁波 NCFI 衍生品交易所交易规则设计

参考国内外现行的衍生品交易所交易制度和规则，宁波 NCFI 衍生品交易所应该具有场内集中交易、严格统一风险控制、第三方资金存管、逐日盯市结算、到期现金交割等特点。宁波 NCFI 衍生品交易所应该建立并完善一系列的制度规则来约束交易行为，限制投机，包括会员管理办法、交易商管理办法、交易细则、结算细则、风险控制管理办法、增发套期保值额度操作规则、违规处理办法等。

宁波 NCFI 衍生品交易所交易制度和规则应该主要包括保证金制度、当日无负债结算制度、现金交割制度、持仓限额制度、涨跌停板制度、保证金第三方存管制度等。

12.2.1　保证金制度

交易商在参与 NCFI 衍生品交易时，需向宁波 NCFI 衍生品交易所缴纳最低为合同标的额一定比例的交易保证金。宁波 NCFI 衍生品交易所可以根据业务需要调整保证金比例，交易商须按照要求及时足额付款。

12.2.2　当日无负债结算制度

就是说结算完成后，交易商的结算准备金余额低于最低余额标准时，该结算结果即视为向交易商发出的追加保证金通知，两者之间的差额则是追加保证金的金额数。

12.2.3　现金交割制度

现金交割制度是指，到期未平仓运价合同进行交割时，用结算价格来计算未平仓合同的盈亏，以现金支付的方式最终了结运价合同的交割方式。交割具体指"持仓双方按照交割价格进行现金差价结算，了结到到期持仓的过程"。

12.2.4　持仓限额制度

该制度是风险控制的手段之一，持仓限额是指"交易商对某一合同单边持仓的最大数量"，持仓限额制度是为防范市场风险过度集中于少数投资者，同时为了防止操纵市场价格的行为，对交易商单边持仓某一品种实行限制的制度。持仓限额由宁波 NCFI 衍生品交易所依据市场交易状况自主设定。

12.2.5　涨跌停板制度

该制度也是市场风险控制的手段之一，是指"交易合同在一个交易日中的成交价格不能高于或者低于以该合同上一交易日结算价为基准的涨跌幅度"，超过这个范围的报价视为无效。目前，交易合同当日价格最大波动限制（涨跌停板幅度）设为上一交易日结算价的百分比。

12.2.6　交易资金第三方存管制度

宁波 NCFI 衍生品交易所要选择存管银行开立独立的专用结算账户，专门用于存放客户交易资金。专用结算账户与宁波 NCFI 衍生品交易所自有资金账户要严格分离，不得混同。客户入市交易前要与宁波 NCFI 衍生品交易所及银行签订交易资金第三方存管协议书。存管银行有义务监督交易场所专用结算账户的资金往来情况，并严格执行与宁波 NCFI 衍生品交易所、监管部门设定的当日划出资金最高限额规定。根据监管需要，存管银行要及时向当地监管部门报送交易资金变动信息，及时报告资金异动情况并按约定采取风险控制措施。

12.3
宁波 NCFI 衍生品交易所清算规则设计

12.3.1　结算平台的设立

结算业务由结算机构通过宁波 NCFI 衍生品交易所的结算平台完成。在宁波 NCFI 衍生品交易所成交的期货合约应当通过交易所结算部门进行统一结算。宁波 NCFI 衍生品交易所根据交易结果、公布的结算价格和交易所有关规定对交易双方的交易保证金、盈亏、手续费及其他有关款项进行资金清算和划转的业务活动，这项活动即为结算业务。

结算机构由交易所设置的结算部门和会员的结算部门构成，二者通过宁波 NCFI 衍生品交易所的结算平台完成交易信息和结算信息的交互共享。

12.3.2 结算部门职责

（1）交易所结算部门职责。

负责交易所期货交易的统一结算、保证金管理、结算担保金管理及结算风险的防范。交易所结算部门的主要职责为：

①登录编制结算会员的结算账表；

②办理资金往来汇划业务；

③统计、登记和报告交易结算情况；

④处理会员交易中的账款纠纷；

⑤办理结算、交割业务；

⑥管理保证金、结算担保金；

⑦控制结算风险；

⑧监督保证金存管银行与交易所的结算业务；

⑨法律、行政法规、规章和交易所规定的其他职责。

（2）会员结算部门职责。

会员的结算部门负责该结算会员与交易所、客户、交易会员之间的结算工作。

第 13 章

宁波发展金融衍生品的保障措施

13. 1

加大政策扶持力度

宁波航运交易所发展基于 NCFI 的金融衍生品离不开宁波市政府的大力支持。梳理现有的应该航运金融发展的相关政策，评估国内外航运金融发展环境，进一步释放政策红利。加大金融支持力度，引导银行业金融机构加大对港航物流企业的信贷支持力度。用好国家对物流企业的各项所得税、增值税以及关税等税收减免政策，制定"营改增"的配套政策，返还税收差额，减轻物流企业税赋。支持宁波航运交易所 NCFI 衍生品交易平台建设，并支持其与国内其他金融交易和服务平台的对接。

13. 2

建立工作推进机制

充分发挥宁波航交所在发展 NCFI 衍生品中的主导作用，协调船运公司、货运代理企业、进出口贸易商、金融单位、政府管理部门等方面的工作，积极推进宁波出口集装箱运价指数的信息收集、处理；做好 NCFI 衍生品的宣传和推广；推进 NCFI 衍生品交易平台建设；做好 NCFI 衍生品推出前的准备工作，如交易规则制定、交易会员的吸收、交易品种正式推出市场前的路演等工作。

13. 3

注重人才培育引进

运价指数衍生品属于航运金融的其中一种。发展运价指数衍生品需要既懂得金融，又了解物流航运的复合型人才。为此应支持航运金融人才集聚，着力完善物流金融学科体系和专业人才培养体系，以提高实践能力为重点，按照现代职业教育体系建设要求，探索形成高等学校、中等职业学校与有关部门、科研院所、行业协会和企业联合培养人才的新模式。完善在职人员培训体系，鼓励培养航运金融高层次经营管理人才，积极开展职业培训，提高航运金融从业人员业务素质，提高物流企业员工的知识化、专业化水平，营造航运金融专业人才能力提升的氛围。加大航运金融专业高层次人才的引进力度，完善奖励和配套政策。构建航运金融管理网络，形成自上而下的专业队伍，制定数据统计规范。加强运价指数衍生品理论与政策研究，引导运价指数衍生品的健康发展。

13. 4

强化资金保障

充分利用宁波市政府促进航运金融发展和"海上丝路指数"建设的各项优惠政策，争取更大的扶持资金和优惠的财政政策。设立专项资金重点支持"NCFI 衍生品交易平台"建设、公共物流信息平台建设、物流人才培养等。引导银行业金融机构加大对物流企业的信贷支持，并在 NCFI 衍生品交易中提供更便利的融资服务，减免交易佣金。

参 考 文 献

［1］包卫军．基于 SV – Copula 模型的相关性分析 ［J］．统计研究，2008 (10)：100 – 104.

［2］陈守东，胡铮洋，孔繁利．Copula 函数度量风险价值 Monte Carlo 模拟 ［J］．吉林大学社会科学学报，2006 (2)：85 – 91.

［3］丁剑平，赵亚英，杨振建．亚洲股市与汇市联动：MGARCH 模型对多元波动的测试 ［J］．世界经济，2009 (5)：83 – 95.

［4］丁剑平，杨飞．人民币汇率参照货币篮子与东亚货币联动的研究 ［J］．国际金融研究，2007 (7)：36 – 42.

［5］樊智，张世英．多元 GARCH 建模及其在中国股市波动分析中的应用 ［J］．管理科学学报，2003 (6)：68 – 73.

［6］郭珺，滕柏华．人民币与欧元、美元、日元之间的汇率联动分析 ［J］．经济问题，2011 (7)：95 – 99.

［7］郭珺，周雯．人民币参与东亚货币汇率合作的最优路径探讨 ［J］．经济问题，2011 (12)：86 – 90.

［8］郭文雄，邓明光．基于 Copula – ES 度量股票型基金投资组合风险．中国证券期货，2010 (11).

［9］黄恩喜，程希俊．基于 pair – copula – GARCH 模型的多资产组合 VaR 分析．中国科学院研究生院学报，2010 (7)：440 – 447.

［10］黄益平．亚洲汇率波动及政策挑战．国际金融研究，2009 (5)：39 – 45.

［11］何慧刚．东亚区域货币合作的模式和路径选择．经济与管理研究，2007 (7).

［12］江红莉，何建敏．基于 Pair Copula 的社保基金投资组合风险测度研究．统计与信息论坛，2011 (8)：28 – 34.

［13］李晓，丁一兵．经济冲击对称性与区域经济合作：东亚与其他区域的比较研究．吉林大学社会科学学报，2006（4）．

［14］李晓，丁一兵．人民币汇率变动趋势及其对区域货币合作的影响．国际金融研究，2009（3）．

［15］李志斌，刘园．基于 ARCH 类模型的人民币汇率波动特性分析．统计与决策，2010（2）：145－147．

［16］刘晓星，邱桂华．基于 Copula－EVT 模型的我国股票市场流动性调整的 VaR 和 ES 研究．数理统计与管理，2010（1）：150－161．

［17］刘园，郭珺．东亚次区域汇率合作中人民币的选择［J］．学习与实践，2012（3）：5－11．

［18］骆殉，吴建红．基于 GARCH 模型的人民币汇率波动规律研究．数理统计与管理，2009（28）：295－300．

［19］冉生欣．人民币管理浮动后的东亚汇率协调．国际金融研究，2005（11）．

［20］盛骤，谢式千，潘承毅．概率论与数理统计［M］．浙江大学出版社，1989．

［21］史道济．相关系数与相关性．统计科学与实践，2002（4）：22－24．

［22］史道济，关静．沪深股市风险的相关性分析．统计研究，2003（10）：45－48．

［23］史道济，姚庆祝．改进 Copula 对数据的拟合方法．系统工程理论与实践，2004（4）：49－55．

［24］苏应蓉，徐长生．东亚汇率波动联动性的原因分析——基于区域经济一体化角度的思考．国际金融研究，2009（6）：25－30．

［25］王丽娜．人民币在亚洲货币合作中的地位分析．经济研究导刊，2007（3）．

［26］王璐，王沁，何平．基于 Copula 的 A、B 股信息流动和相关结构分析．数理统计与管理，2009（2）：352－357．

［27］王金玉，程薇．基于 COPULA 的开放式基金流动性风险研究．数理统计与管理，2009（2）：341－346．

［28］韦艳华，张世英．多元 Copula－GARCH 模型及其在金融风险分析上的应用．数理统计与管理，2007（3）：432－439．

［29］翁玮．人民币在东盟实现区域化的路径探讨．经济问题探索，2010（1）．

［30］吴庆晓，刘海龙，龚世民．基于极值 Copula 的投资组合集成风险度量方法．统计研究，2011（7）：84－91．

［31］吴振翔，陈敏，叶五一，缪柏其．基于 Copula－GARCH 的投资组合风险分析．系统工程理论与实践，2006（3）：45－52．

［32］杨权．全球金融动荡背景下东亚地区双边货币互换的发展——东亚金融合作走向及人民币角色调整．国际金融研究，2010（6）．

［33］易纲．以人民币第一战略促进和平发展．投资与理财，2007（1）．

［34］余永定．国际货币体系改革和中国外汇储备资产保值．国际经济评论，2009（5）．

［35］张国梁．主要货币汇率波动的连锁反应——VEC 模型检验．学术交流，2008（11）：166－170．

［36］张金清，李徐．资产组合的集成风险度量及其应用——基于最优拟合 Copula 函数的 VaR 方法．系统工程理论与实践，2008（6）：14－21．

［37］张明恒．多金融资产风险价值的 Copula 计量方法研究．数量经济技术经济研究，2004（4）：67－70．

［38］张世英，柯珂．ARCH 模型体系．系统工程学报，2002（3）：136－245．

［39］张尧庭．我们应该选用什么样的相关性指标？．统计研究，2002（9）：41－44．

［40］张尧庭．连接函数（Copula）技术与金融风险分析．统计研究，2002（4）：48－51．

［41］张宇燕，张静春．货币的性质与人民币未来的选择——兼论亚洲货币合作．当代亚太，2008（2）．

［42］赵鹏．基于 Copula 理论的投资组合风险测度．统计与决策，2011（3）：37－40．

［43］赵锡军，李悦，魏广远．亚洲货币合作：理论与可行性研究．中国人民大学学报，2007（5）．

［44］朱孟楠，严佳佳．人民币汇率波动：测算及国际比较．国际金融研究，2007（10）：54－61．

［45］Aas, K., Berg, D., "Models for construction of multivariate dependence - a comparison study", European Journal of Finance, Vol. 15, Jul/Aug., PP639 - 659, 2009.

［46］Aas, K., Czado, C., Frigessi, A., Bakken, H., "Pair - copula constructions of multiple dependence", Insurance: Mathematics and Economics, Vol. 44, Apr., PP182 - 198, 2009.

［47］Akaike, H., "Information theory and an extension of the maximum likelihood principle" In BN Petrov, F Csaki (eds.), Proceedings of the Second International Symposium on Information Theory Budapest, Akademiai Kiado, PP267 - 281, 1973.

［48］Alexander, C., Market Risk Analysis Volume Ⅱ Practical Financial Econometrics, John Wiley & Sons Ltd., England, 2008.

［49］Ané, T., Kharoubi, C., "Dependence structure and risk measure", Journal of Business, Vol. 76, Jul., PP411 - 438, 2003.

［50］Ang, A., Bekaert, G., "International asset allocation with regime shifts", Review of Financial Studies, Vol. 15, Apr., PP1137 - 1187, 2002.

［51］Baillie, R. T., Bollerslev, T., "Cointegration Fractional Cointegration, and Exchange Rate Dynamics", The Journal of Finance, Vol. 49 (2), Jun., PP737 - 745, 1994.

［52］Barkoulas, J., Baum, C. F., "A Re - examination of the fragility of Evidence from Cointegration - Based Tests of Foreign Exchange Market Efficiency", Applied Financial Economics, Vol. 7 (6), PP635 - 643, 1997.

［53］Bartram, S. M., Taylor, S. J., Wang, Y. H., "The Euro and European financial market dependence", Journal of Banking & Finance, vol. 31 (5), May., PP1461 - 1481, 2007.

［54］Bauwens, L., Laurent, S., Rombouts, J. V. K., "Multivariate GARCH Models: A Survey", Journal of Applied Econometrics, Vol. 21, Jan/Feb., PP79 - 109, 2006.

［55］Bedford, T., Cooke, R. M., "Monte Carlo simulation of vine dependent random variables for applications in uncertainty analysis", In 2001 Proceedings of ESREL2001, Turin, Italy, 2001a.

[56] Bedford, T., Cooke, R. M., "Probability density decomposition for conditionally dependent random variables modeled by vines", Annals of Mathematics and Artificial Intelligence, Vol. 32, Num., PP245 – 268, 2001b.

[57] Bedford, T., Cooke, R. M., "Vines – a new graphical model for dependent random variables", Annals of Statistics, Vol. 30 (4), Num., PP1031 – 1068, 2002.

[58] Bennett, M. N., Kennedy, J. E., "Quanto Pricing with Copulas", Journal of Derivatives, Vol. 12 (1), PP26 – 45, 2004.

[59] Berg, D., Aas, K., "Models for construction of higher – dimensional dependence: A comparisonstudy", European Journal of Finance, Vol. 15, PP639 – 659, 2009.

[60] Black, F., Scholes, M., "The Pricing of Options and Corporate Liabilities", The Journal of Political Economy, Vol. 81 (3), PP637 – 654, 1973.

[61] Bollerslev, T., "General autoregressive conditional heteroskedasticity", Journal of econometrics, Vol. 31, Apr., PP307 – 327, 1986.

[62] Bollerslev, T., "Modeling the coherence in short – run nominal exchange rates: a multivariate generalized ARCH model", Review of Economics and Statistics, Vol. 72, Aug., PP498 – 505, 1990.

[63] Bollerslev, T., Engle R. F., Wooldridge J. M., "A capital asset pricing model with time varying covariances", Journal of Political Economy, Vol. 96, Feb., PP116 – 131, 1988.

[64] Brechmann, E. C., Czado, C., Aas, K., "Truncated regular vines and their applications", Submitted for publication, Norwegian Computing Center, 2010.

[65] Brechmann, E. C., Czado, C., "Risk management with high – dimensional vine copulas: An analysis of the Euro Stoxx 50", www. Dep. Unimore. It/ seminari/ Brechmann. pdf., 2011a.

[66] Brechmann, E. C., Czado, C., "Extending the CAPM using pair copulas: The Regular Vine Market Sector model", Submitted for publication., 2011b.

[67] Brechmann, E. C., Schepsmeier, U., "Modeling dependence with C – and D – vine copulas: The R – package CDVine", R Package, 2011.

[68] Cai, F., Howorka, E., Wongswan, J., "Informational linkages

across trading regions: Evidence from foreign exchange markets", Journal of International Money and Finance, Vol. 27, Dec. , PP1215 – 1243, 2008.

[69] Capéraà, P. , Fougères, A. L. , Genest, C. , "Bivariate distributions with given extreme value attractor", Journal of Multivariate Analysis, Vol. 72, Jan. , PP30 – 49, 2000.

[70] Carmona, R. A. , Statistical analysis of financial data in S – PLUS, Springer, 2004.

[71] Chen, X. , Fan, Y. , Tsyrennikov, V. , "Efficient estimation of semiparametric multivariate copula models", Journal of the American Statistical Association, Vol. 101 (475), Sep. , PP1228 – 1240, 2006.

[72] Chen, Y. H. , Tu, A. H. , Wang, K. , "Dependence structure between the credit default swap return and the kurtosis of the equity return distribution: Evidence from Japan", Journal of International Financial Markets, Institutions and Money, Vol. 18 (3), Jul. , PP259 – 271, 2008.

[73] Cherubini, U. , Luciano, E. , "Value at Risk trade – off and capital allocation with copulas", Economic Notes, Vol. 30, PP235 – 256, 2001.

[74] Cherubini, U. , Luciano, E. , Vecchiato, W. , Copula Methods in Finance , John Wiley & Sons Ltd, England, 2004.

[75] Chollete, L. , Heinen, A. , Valdesogo, A. , "Modeling international financial returns with a multivariate regime switching copula", Journal of Financial Econometrics, Vol. 7, PP437 – 480, 2009.

[76] Clarke, K. A. , "A Simple Distribution – Free Test for Nonnested Model Selection", Political Analysis, Vol. 15 (3), Feb. , PP347 – 363, 2007.

[77] Clayton, D. G. , "A model for association in bivariate life tables and its application in epidemiological studies of familial tendency in chronic disease incidence", Biometrika, Vol. 65, Apr. , PP141 – 151, 1978.

[78] Coles, S. , An Introduction to Statistical Modeling of Extreme Values, Springer, New York, 2001.

[79] Czado, C. , "Pair – copula constructions of multivariate copulas", In P. Jaworski, F. Durante, W. H. ardle, T. Rychlik (eds.), Copula Theory and Its Applications. Springer, Berlin, 2010.

[80] Czado, C., Schepsmeier, U., Min, A., "Maximum likelihood estimation of mixed C – vines with application to exchange rates", To appear in Statistical Modelling, 2011.

[81] Davidson, R., MacKinnon, J., Estimation and Inference in Econometrics, Oxford University Press, Oxford, 1993.

[82] Davison, A. C., Smith, R. L., "Models for exceedances over high thresholds (with discussion)", Journal of the Royal Statistical Society Series B, Vol. 52, PP393 – 442, 1990.

[83] Deheuvels, P., "Caractérisation complète des lois extrêmes multivari – ées et de la convergence destypes extrêmes", Publications de l'Institut de Statistique de l'Université de Paris, Vol. 23, PP1 – 36, 1978.

[84] Deheuvels, P., "La fonction de dépendance empirique et ses propri – étés: Un test non paramétrique d'indépendance", Académie Royale de Belgique, Bulletin de la Classe des Sciences, 5e Série 65, PP274 – 292, 1979.

[85] Deheuvels, P., "A Kolmogorov – Smirnov type test for independence and multivariate samples", Rev. Roumaine Math. Pures Appl., Vol. 26 (2), PP213 – 226, 1981.

[86] Dias, A., Embrechts, P., "Modeling exchange rate dependence dynamics at different time horizons, Journal of International Money and Finance, Vol. 29 (8), Dec., PP1687 – 1705, 2010.

[87] Dißmann, J., Brechmann, E. C., Czado, C., Kurowicka, D., "Selecting and estimating regular vine copulae and application to financial returns", Submitted for publication, Cornell University Library, 2011.

[88] Ding, Z., Granger, C. W. J., Engle, R. F., "A long memory property of stock returns and a new model", Journal of Empirical Finance, Vol. 1, PP83 – 106, 1993.

[89] Embrechts, P., Kuppelberg, C., Mikosch, T., Modelling Extremal Events, Springer, Berlin., 1997.

[90] Embrechts, P., McNeil, A., Straumann, D., Correlation: Pitfalls and Alternatives. 1999 (3), 1 – 8.

[91] Embrechts, P., McNeil, A., Straumann, D., "Correlation and de-

pendence in risk management: properties and pitfalls", In M. A. H. Dempster (Ed.), Risk Management: Value at Risk and Beyond. Cambridge: Cambridge University Press. 2002.

[92] Engel, C., Hamilton, J. D., "Long Swings in the Dollar: Are They in the Data and Do Markets Know It?", The American Economic Review, Vol. 4, PP689 - 713, 1990.

[93] Engle, R., "Autoregressive conditional heteroscedasticity with estimates of the variance of the U. K. inflation", Econometrica, Vol. 50, Jul., PP987 - 1008, 1982.

[94] Engle, R. F., "Dynamic conditional correlation: A simple class of multivariate GARCH models", Journal of Business and Economic Statistics, Vol. 20, PP339 - 350, 2002.

[95] Engle, R. F., Granger, C. W. J., "Co - integration and error correction representation, estimation and testing", Econometrica, Vol. 55, PP251 - 276, 1987.

[96] Engle, R. F., Lilien, D. M., Robins, R. P., "Estimating Time Varying Risk Premia in the Term Structure: The Arch - M Model", Econometrica, Vol. 55 (2), Mar., PP391 - 407, 1987.

[97] Engle, R. F., Kroner, F. K., "Multivariate simultaneous generalized ARCH", Econometric Theory, Vol. 11, Feb., PP122 - 150, 1995.

[98] Engle, R. F., Ng, V. K., "Measuring and Testing the Impact of News on Volatility", Journal of Finance, Vol. 48 (5), Dec., PP1749 - 1778, 1993.

[99] Embrechts, P., Höing, A., Extreme VaR scenarios in higher dimensions, mimeo, ETH Zürich, 2006.

[100] Embrechts, P., Höing, A., Juri, A., "Using Copulae to bound the Value - at - Risk for functions of dependent risks", Finance & Stochastics, Vol. 7, PP145 - 167, 2003.

[101] Embrechts, P., "Copulas: A Personal View", Journal of Risk and Insurance, Vol. 76 (3), Sep., PP639 - 650, 2009.

[102] Fama, E. F., "The behavior of stock - market prices", Journal of Business, Vol. 38, Jan., PP34 - 104, 1965.

[103] Fang, B. Q. , "The skew elliptical distributions and their quadratic forms", Journal of Multivariate Analysis, Vol. 87, Nov. , PP298 – 314, 2003.

[104] Fernandze, V. , "Copula – based measures of dependence structure in assets returns", Physica A: Statistical Mechanics and its Applications, Vol. 387, Jun. , PP3615 – 3628, 2008.

[105] Frey, R. , McNeil, A. J. , "Dependent defaults in models of portfolio credit risk", Journal of Risk, Vol. 6 (1), PP1 – 27, 2003.

[106] Fischer, M. , Köck, C. , Schlüter, S. , Weigert, F. , "An empirical analysis of multivariatecopula models", Quantitative Finance, Vol. 9, Oct. , PP839 – 854, 2009.

[107] Fisher, N. I. , Switzer, P. , "Graphical assessment of dependence: Is a picture worth 100 tests?", American Statistical Association, Vol. 55 (3), Aug. , PP233 – 239, 2001.

[108] Fisher, R. A. , Tippett, L. H. C. , "Limiting forms of the frequency distribution of the largest or smallest member of a sample", Proceedings of the Cambridge Philosophical Society, vol. 24 (2), PP180, 1928.

[109] Frahm, G. , Junker, M. , Szimayer, A. , "Elliptical copulas: applicability and limitations", Statistics & Probability Letters, Vol. 63, Jul. , PP275 – 286, 2003.

[110] Frank, M. J. , "On the simultaneous associativity of F(x, y) and x + y – F(x, y)", Aequationes Mathematicae, Vol. 19, Num. PP194 – 226, 1979.

[111] Galambos, J. , "Order statistics of samples from multivariate distributions", Journal of the American Statistical Association, Vol. 70, Sep. , PP674 – 680, 1975.

[112] Garcia, R. , Tsafack, G. , Dependence Structure and Extreme Comovements in International Equity and Bond Markets, working paper, Université de Montreal. 2007.

[113] Gnedenko, B. V. , "Sur la distribution limite du terme maximum of d'une série Aléatorie", Annals of Mathematics, Vol. 44, PP423 – 453, 1943.

[114] Genest, C. , Favre, A. C. , "Everything you always wanted to know about copula modeling but were afraid to ask", Journal of Hydrologic Engineering,

Vol. 12, Jul/Aug. , PP347 – 368, 2007.

[115] Genest, C. , Ghoudi, K. , Rivest, L. P. , "A semiparametric estimation procedure of dependence parameters in multivariate families of distributions", Biometrika, Vol. 82, Sep. , PP543 – 552, 1995.

[116] Genest, C. , Rémillard, B. , "Validity of the parametric bootstrap for goodness – of – fit testing in semiparametric models", Annales de l'Institut Henri Poincaré – Probabilités et Statistiques, Vol. 44, Num. , PP1096 – 1127, 2008.

[117] Genest, C. , Rivest, L. P. , "Statistical inference procedures for bivariate Archimedean copulas", Journal of the American Statistical Association, Vol. 88 (423), Sep. , PP1034 – 1043, 1993.

[118] Giesecke, K. , "Correlated Default with Incomplete Information", Journal of Banking and Finance, Vol. 28, PP1521 – 1545, 2004.

[119] Glosten, L. R. , Jagannathan, R. , Runkle, D. E. , "On the relation between the expected value and the volatility of nominal excess return on stocks", Journal of Finance, Vol. 48, PP1779 – 1801, 1993.

[120] Granger, C. W. J. , "Investigating causal relations by econometrics models and cross spectral methods", Econometrica, Vol. 37 (3), Jul. , PP424 – 438, 1969.

[121] Granger, C. W. J. , "Some Properties of Time Series Data and their Use in Econometric Model Specification", Journal of Econometrics, Vol. 16 (1), PP121 – 130, 1981.

[122] Granger, C. W. J. , "Developments in the Study of Cointegrated Economic Variables", Oxford Bulletin of Economics and Statistics, Vol. 48, Aug. , PP213 – 228, 1986.

[123] Gumbel, E. J. , "Distributions des valeurs extrêmes en plusieurs dimensions", Publications de l'Institut de Statistique de l'Université de Paris, 9, 171 – 173, 1960.

[124] Haff, I. H. , "Parameters estimating for pair – copula construction", Submitted for publication, Norwegian Computing Center, 2010.

[125] Hakkio, C. S. , Rush, M. , "Market Efficiency and Cointegration: An Application to the Sterling and Deutschmark Exchange Markets", Journal of Interna-

tional Money and Finance, Vol. 8 (1), Mar. , PP75 – 88, 1989.

[126] He, X. , Gong, Pu. , "Measuring the coupled risks: A copula – based CVaR model", Journal of Computational and Applied Mathematics, Vol. 223 (2), Jan. , PP1066 – 1080, 2009.

[127] Hofmann, M. , Czado, C. , "Assessing the VaR of a portfolio using D – vine copula based multivariate GARCH models", Submitted for publication. , 2010.

[128] Hollander, M. , Wolfe, D. A. , Nonparametric statistical methods, John Wiley and Sons, New York, USA, 1973.

[129] Huang, J. J. , Lee, L. J. , Liang, H. , Lin, W. F. , "Estimating value at risk of portfolio by conditional copula – GARCH method" Insurance: Mathematics and economics, Vol. 45 (3), PP315 – 324, 2009.

[130] Hurley, D. T. , Santos, R. A. , "Exchange rate volatility and the role of regional currency linkages: the ASEAN case", Applied Economics, Vol. 33 (15), PP1991 – 1999, 2001.

[131] Hüsler, J. , Reiss, R. D. , "Maxima of normal random vectors: Between independence and complete dependence", Statistics & Probability Letters, Vol. 7, Feb. , PP283 – 286, 1988.

[132] Ito, T. , Engle, R. F. , Lin, W. L. , "Where does the Meteor Shower come from?", Journal of International Economics, Vol. 32 (3 – 4), May. , PP221 – 240, 1992.

[133] Joe, H. , "Parametric families of multivariate distributions with given margins", Journal of Multivariate Analysis, Aug. , Vol. 46, PP262 – 282, 1993.

[134] Joe, H. , "Families of m – variate distributions with given margins and m(m – 1)/2 bivariate dependence parameters", In L. Rüschendorf and B. Schweizer and M. D. Taylor (Ed.), Distributions with Fixed Marginals and Related Topics, 1996.

[135] Joe, H. , Multivariate Models and Dependence Concepts, Chapman and Hall, 1997.

[136] Joe, H. , "Asymptotic efficiency of the two – stage estimation method for copula – based models", Journal of Multivariate Analysis, Vol. 94, Jun. ,

PP401 – 419, 2005.

[137] Joe, H. , Xu, J. J. , "The estimation method of inference functions for margins for multivariatemodels", Technical Report, 166, Department of Statistics, University of British Columbia, 1996.

[138] Johansen, S. , "Statistical analysis of cointegration vectors", Journal of Economic Dynamics and Control, Vol. 12 （2 – 3）, Jun – Sep. , PP231 – 254, 1988.

[139] Johansen, S. , Juselius, K. , "Maximum Likelihood Estimation and Inference on Cointegration – with Application to the Demand for Money", Oxford Bulletin of Economics and Statistics, Vol. 52, PP169 – 210, 1990.

[140] Juri, A. , Wüthrich, M. V. , "Copula convergence theorems for tail events", Insurance: Mathematics and Economics, Vol. 30, Jun. , PP405 – 420, 2002.

[141] Kearney, C. , Patton, A. J. , "Multivariate GARCH modeling of exchange rate volatility transmission in the European monetary system", Financial Review, Vol. 41, PP29 – 48, 2000.

[142] Kimeldorf, G. , Sampson, A. R. , "Uniform representations of bivariate distributions", Communications in Statistics, Vol. 4, Apr. , PP617 – 627, 1975.

[143] Koop, G. , Pesaran, M. H. , Potter, S. M. , "Impulse response analysis in nonlinear multivariate models", Journal of Econometrics, Vol. 74 （1）, Sep. , PP119 – 47, 1996.

[144] Kühl, M. , "Cointegration in the Foreign Exchange Market and Market Efficiency since the Introduction of the Euro: Evidence based on bivariate Cointegration Analyses", The Center for European, Governance and Economic Development Research, Vol. 3, PP22 – 24, 2007.

[145] Kühl, M. "Bivariate cointegration of major exchange rates, cross – market efficiency and the introduction of the Euro", Journal of Economics and Business, Vol. 62 （1）, Jan/Feb. , PP1 – 19, 2010.

[146] Kurowicka, D. , Cooke, R. M. , "Distribution – free continuous bayesian belief nets", In Fourth International Conference on Mathematical Methods in Re-

liability Methodology and Practice, Santa Fe, New Mexico, 2004.

[147] Kurowicka, D. , Cooke, R. M. , "Sampling algorithms for generating joint uniform distributions using the vine – copula method", In 3rd IASC world conference on Computational Statistics & Data Analysis, Limassol, Cyprus, 2005.

[148] Kurowicka, D. , Cooke, R. M. , Uncertainty Analysis with High Dimensional Dependence Modelling, John Wiley, Chichester, 2006.

[149] Kurowicka, D. , Joe, H. , Dependence Modeling: Vine Copula Handbook, World Scientific Publishing Co. , Ltd. Singapore, 2011.

[150] Lehmann, E. L. , "Some concepts of dependence", Annals of Mathematical Statistics, Vol. 37, Oct. , PP1137 – 1153, 1966.

[151] Lehmann, E. L. , Nonparametrics statistical methods based on ranks, San Francisco: Holden Day, 1975.

[152] Li, D. X. , "On default correlation: a copula function approach", Journal of Fixed Income, Vol. 9, PP43 – 54, 2000.

[153] Longin, F. , Solnik, B. , "Extreme correlation of international equity markets", Journal of Finance, Vol. 56 (2), Apr. , PP649 – 676, 2001.

[154] MacDonald, R. , Taylor, M. P. , "Foreign Exchange Market Efficiency and Cointegration – Some Evidence from the Recent Float", Economics Letters, Vol. 29 (1), PP63 – 68, 1989.

[155] Markowitz, H. , "Portfolio selection", Journal of Finance, Vol. 7, PP77 – 91, 1952.

[156] Mendes, BVdM. , Semeraro, MM. , Leal, RPC. , "Pair – copulas modeling in finance" Financial Markets and Portfolio Management, Vol. 24 (2), PP193 – 213, 2010.

[157] Mendes, B. V. , de Melo. , Souza, R. M. de. , "Measuring financial risks with copulas", International Review of Financial Analysis, vol. 13 (1), Jan. , PP27 – 45, 2004.

[158] McNeil, A. J. , Frey, R. , Embrechts, P. , Quantitative Risk Management: Concepts, Techniques and Tools, Princeton University Press, New Jersey, 2005.

[159] Min, A. , Czado, C. , "Bayesian inference for multivariate copulas

using pair – copula constructions", Journal of Financial Econometrics, Vol. 8 (4), 511 – 546, 2010.

［160］Min, A., Czado, C., "Bayesian model selection for multivariate copulas using pair – copula constructions", Canadian Journal of Statistics, Vol. 39 (2), PP239 – 258, 2011.

［161］Nelson, D. B., "Conditional heteroskedasticity in asset returns: A new approach", Econometrica, Vol. 59, PP347 – 370, 1991.

［162］Nelsen, R. B., An introduction to copulas, Springer, New York, 1999.

［163］Nelson, R. B., An Introduction to Copulas, Springer, New York, 2006.

［164］Nikkinen, J., Sahlström, P., Vähämaa, S., "Implied volatility linkages among major European currencies", International Financial Markets, Institutions and Money, Vol. 16 (2), Apr., PP87 – 103, 2006.

［165］Okimotoa1, T., "New Evidence of Asymmetric Dependence Structures in International Equity Markets", Journal of Financial and Quantitative Analysis, Vol. 43, PP787 – 815, 2008.

［166］Patton, A. J., "Modeling time – varying exchange rate dependence using the conditional copula", Working paper of Department of Economics, University of California, San, Diego, 2001.

［167］Patton, A. J., "On the Out – of – Sample Importance of Skewness and Asymmetric Dependence for Asset Allocation", Journal of Financial Econometrics, Vol. 2 (1), PP130 – 168, 2004.

［168］Patton, A. J., "Modeling Asymmetric Exchange Rate Dependence", International Economic Review, Vol. 47 (2), May., PP527 – 556, 2006.

［169］Pesaran, H. H., Shin, Y., "Generalized Impulse Response Analysis in Linear Multivariate Models", Economics Letters, Vol. 58, Jan., PP17 – 29, 1998.

［170］Phengpis, C., "Market efficiency and cointegration of spot exchange rates during periods of economic turmoil: Another look at European and Asian currency crises", Journal of Economics and Business, Vol. 58 (4), Jul/Aug., PP323 – 342, 2006.

［171］RiskMetrics, RiskMetrics Technical Document, Third Edition, J. P.

Morgan, New York.

［172］ Rodriguez, J. C. , "Measuring financial contagion: A copula approach", Journal of Empirical Finance, Vol. 14 (3), Jun. , PP401 – 423, 2007.

［173］Rosenberg, J. V. , Schuermann, T. , "A general approach to integrated risk management with skewed, fat – tailed risks", Journal of Financial Economics, Vol. 79, PP569 – 614, 2006.

［174］Ross, S. A. , "The arbitrage theory of capital asset pricing", Journal of Economic Theory, Vol. 13 (3), PP341 – 360, 1976.

［175］Saleem, K. , "International linkage of the Russian market and the Russian financial crisis: A multivariate GARCH analysis", Research in International Business and Finance, Vol. 23, PP243 – 256, 2009.

［176］Salmon, M. , Schleicher, C. , "Pricing Multivariate Currency Options with Copulas", in J. Rank, ed. , Copulas: From Theory to Application in Finance, Risk Books, London, 2006.

［177］Scaillet, O. , "Kernel based goodness – of – fit tests for copulas with fixed smoothing parameters", Journal of Multivariate Analysis, Vol. 98, May. , PP533 – 543, 2007.

［178］Schirmacher, D. , Schirmacher, E. , "Multivariate dependence modeling using paircopulas", Technical report, Society of Acturaries: 2008 Enterprise Risk Management Symposium, April 14 – 16, Chicago. , 2008.

［179］Schönbucher, P. , Schubert, D. , Copula Dependent Default Risk in Intensity Models, mimeo, Bonn University, 2001.

［180］Schott, James R. , "Testing for elliptical symmetry in covariance matrix – based analyses", Statistics & Probability Letters, vol. 60, Dec. , PP395 – 404, 2002.

［181］Schwarz, G. , "Estimating the Dimension of a Model", The Annals of Statistics, Vol. 6 (2), Mar. , PP461 – 464, 1978.

［182］Sephton, P. S. , Larsen, H. K. , "Tests of Exchange Market Efficiency: Fragile Evidence from Cointegration Tests", Journal of International Money and Finance, Vol. 10, Dec. , PP561 – 570, 1991.

[183] Shachmurove, T., Shachmurove, Y., "Dynamic Linkages among Asian Pacific Exchange Rates 1995 – 2004", International Journal of Business, Vol. 13 (2), PP101 – 117, 2008.

[184] Sharpe, W., "Capital asset prices: A theory of market equilibrium under conditions of risk", Journal of Finance, Vol. 19, PP425 – 442, 1964.

[185] Shih, J. H., Louis, T. A., "Inferences on the association parameter in copula models for bivariate survival data", Biometrics, Vol. 51, Dec., PP1384 – 1399, 1995.

[186] Silvennoinen, A., Teräsvirta, T., "Multivariate GARCH Models", in Andersen, T. G., Davis, R. A., Kreiss, J. P., Mikosch, T. (eds.), Handbook of Financial Time Series, Springer Verlag, forthcoming. 2007.

[187] Sims, C. A., "Macroeconomics and Reality", Econometrica, Vol. 48 (1), Jan., PP1 – 48, 1980.

[188] Sklar, A., "Fonctions de répartition à n dimensions et leurs marges", Publications de l'Institut de Statistique de L'Université de Paris, 8, PP229 – 231 (in French), 1959.

[189] Smith, R. L., "Extreme value analysis of environmental time series: An application to trend detection in ground – level ozone (with discussion)", Statistical Science, Vol. 4, PP367 – 393, 1989.

[190] Smith, M., Min, A., Czado, C., Almeida, C., "Modeling longitudinal data using a paircopula decomposition of serial dependence", Journal of the American Statistical Association, Vol. 105 (492), 1467 – 1479, 2010.

[191] Tawn, J. A., "Bivariate extreme value theory: Models and estimation", Life Sciences & Mathematics & Physical Sciences, Biometrika, Vol. 75, Sep., PP397 – 415, 1988.

[192] Tsay, R. S., Analysis of financial time series (Third Edition), John Wiley & Sons, Inc., Hoboken, New Jersey, 2010.

[193] Tse, K., Tsui, A. K. C., "A Multivariate GARCH Model with Time – varying Correlations", Journal of Business & Economic Statistics, Vol. 20, PP351 – 362, 2002.

[194] Tsukahara, H., "Semiparametric estimation in copula models", The

Canadian Journal of Statistics, Vol. 33, Sep. , PP357 – 375, 2005.

[195] Van Den Goorbergh, R. W. J. , Genest, C. , Werker, B. J. M. , "Multivariate Option Pricing Using Dynamic Copula Models", Insurance: Mathematics and Economics, Vol. 37, PP101 – 114, 2005.

[196] Vuong, Q. H. , "Likelihood Ratio Tests for Model Selection and Non – Nested Hypotheses" , Econometrica, Vol. 57 (2), Mar. , PP307 – 333, 1989.

[197] Wang, Z. R. , Chen, X. H. , Jin, Y. B. , Zhou, Y. J. , "Estimating risk of foreign exchange portfolio: Using VaR and CVaR based on GARCH – EVT – Copula model", Physica A: Statistical Mechanics and its Applications, Vol. 389 (21), PP4918 – 4928, 2009.

[198] Worthington, A. , Higgs, H. , "Transmission of equity returns and volatility in Asian developed and emerging markets: A multivariate Garch analysis", International Journal of Finance and Economics, Vol. 9, PP71 – 80, 2004.

[199] Zakoian, J. M. , "Threshold heteroscedastic models", Journal of Economic Dynamics and Control, Vol. 18, PP931 – 955, 1994.